La tortuga mora (*Testudo graeca* L.) en Doñana

Ana C. Andreu, Carmen Díaz-Paniagua y Claudia Keller

Foto:

Asociación Herpetológica Española
Monografías de Herpetología
Volumen 5

Asociación Herpetológica Española

Dibujos: Joaquín López Rojas
Las autoras, así como el dibujante, comparten la misma dirección:
Estación Biológica de Doñana. Pabellón del Perú.
Avda. de Mª Luisa s/n.
41013 Sevilla

Barcelona, junio de 2000

ISBN: 84-921999-1-1
ISSN: 1130-8443

Depósito legal S. 16-1989

Fotocomposición: PACMER S.A. Alcolea, 106-108, baixos. 08014 Barcelona.
Impresión: AGAL S.L. Viladomat, 152. 08015 Barcelona.

A Rafael Bernal y Carmelita Otero

Agradecimientos

Hemos dedicado esta monografía a Rafael y Carmelita, caseros del Palacio de Doñana que nos enseñaron otra forma de conocer y amar Doñana. Durante estos años hemos tenido la suerte de poder compartir con ellos muchas horas y aprender de su experiencia y sentido común, muy fuera de lo común por otra parte. Gracias por contarnos tantas cosas de Doñana.

Queremos agradecer a todos los amigos que nos acompañaron en el campo, la mayoría sacrificando sus días libres para ello, la ayuda que nos prestaron y sin la cual, no hubiéramos podido llevar a cabo buena parte del trabajo. Con la seguridad de que olvidaremos a algunos (perdón) damos las gracias especialmente a los "avistadores" asiduos: Benjamín Busto, Titina Zapata, Tica Cases, Migue Manero, Quique, Mari Carmen Quintero, Marcos García Márquez, Gaspar Olmedo, Mateo, Patricia Corrochano, Yayo Rivas, Cristina Ramo, Franca Jordá, Charina Cañas, Araceli Palomar y Mª Amor, y a los ocasionales: Gorka, Caroline, Andy, Mari Angeles, Beatriz, Antonio Páez, Santi, Alberto, Elena, Cristina San José, Mª Luisa Chacón, Rafa Laffitte, Carlos Ruiz, Inmaculada, Nuria, Joaquín, Rosalía y Tomás.

A los compañeros del Coto que con su trabajo hicieron mucho más fácil y ameno el nuestro: Rafael Bernal y Carmelita, Rosa, Antoñita, Manolita, Antonio Abad, Antonio Otero, Jaime Robles, Diego Torres, Pepe Boixo, Pilar, Chans, Perote, Antonio Chico y muchos más. Muy especialmente a Juan Carlos Solis que ya no está entre nosotros.

A Joaquín López-Rojas por sus dibujos, a Benjamín Busto por sus excelentes fotografías y a Enrique Collado por sus comentarios al texto y su inestimable ayuda en las emergencias informáticas. También a Carmen Blázquez le agradecemos sus comentarios sobre el manuscrito.

El ICONA financió el proyecto de estudio demográfico y evaluación de la situación actual de las tortugas de Doñana. Agradecemos a nuestros compañeros del Parque, Manolo Máñez y Luis Domínguez su colaboración durante estos años de trabajo y su paciencia de los últimos días.

C. Keller disfrutó durante la elaboración de este trabajo de una ayuda del CNPq de Brasil.

MONOGRAFÍAS DE HERPETOLOGÍA

Volumen 5

ÍNDICE

INTRODUCCIÓN 7

CAPÍTULO 1: GENERALIDADES SOBRE LA ESPECIE 9
- SISTEMÁTICA, DISTRIBUCIÓN Y ESTATUS 9
- DESCRIPCIÓN 10
- LAS TORTUGAS MORAS IBÉRICAS 11
- LAS TORTUGAS DE DOÑANA 11

CAPÍTULO 2: EL ÁREA DE DOÑANA 13

CAPÍTULO 3: METODOLOGÍA COMÚN EN ESTUDIOS SOBRE TORTUGAS 17
- Marcado individual 17
- Dimorfismo sexual 18
- Estima de la edad 18
- Seguimiento individualizado 18

CAPÍTULO 4: BIOLOGÍA Y ECOLOGÍA DE LA ESPECIE EN DOÑANA 23
- ACTIVIDAD 23
  - Actividad anual 23
  - Actividad circadiana 24
  - Reparto temporal de actividades 25
- USO DEL ESPACIO 28
  - Movilidad 28
  - Áreas de campeo 28
  - Utilización del hábitat 29
  - Uso de refugios 30
- ALIMENTACIÓN 31
- REPRODUCCIÓN 34
  - Madurez sexual 34
  - El celo 34
  - Puestas y nacimientos 35
  - Fecundidad 35

CAPÍTULO 5: CARACTERÍSTICAS DE LA POBLACIÓN 39
- TAMAÑO CORPORAL 39
- PESO CORPORAL 39
- EDAD 39
- RELACIÓN TAMAÑO/EDAD 41

CAPÍTULO 6: ANÁLISIS DEMOGRÁFICO 43
DESCRIPCIÓN DE LOS CENSOS 43
HISTORIAL Y DESCRIPCIÓN DE LAS CAPTURAS 45
PROPORCIÓN DE SEXOS 45
ESTIMAS POBLACIONALES 46
Machos adultos 46
Hembras adultas 47
DENSIDAD 48
MORTALIDAD 51
APLICACIONES DEMOGRÁFICAS 54
COMPARACIÓN CON LA POBLACIÓN EN AÑOS ANTERIORES 56

CAPÍTULO 7: DISTRIBUCIÓN Y ABUNDANCIA DE TORTUGAS EN EL PARQUE 61
DISTRIBUCIÓN 61
ESTIMAS DE ABUNDANCIA RELATIVA 63
APROXIMACIÓN AL TAMAÑO POBLACIONAL 64

REFERENCIAS 67

ÍNDICE DE CUADROS

Cuadro 1. Clave de marcado usada en Doñana. 19
Cuadro 2. Seguimiento con hilo. 20
Cuadro 3. Método Jolly-Seber. 44
Cuadro 4. Probabilidad de detección de juveniles. 47
Cuadro 5. Estimas numéricas de la población entre 1973-1985. 49
Cuadro 6. Densidad de tortugas en la Vera (1974-1984). 50
Cuadro 7. Mortalidad entre 1980-1985. 53

INTRODUCCIÓN

Las tortugas se agrupan en el orden Chelonii, un grupo de reptiles cuya característica más sobresaliente es la de presentar un esqueleto óseo externo, el caparazón, cuya función es claramente defensiva.

A lo largo de los últimos 200 millones de años los quelonios se han diversificado en numerosas especies y colonizado los mares, las aguas dulces y salobres y un gran número de hábitats terrestres.

Las tortugas terrestres son fácilmente reconocibles por sus caparazones abombados, cubiertos de placas córneas, y por sus patas traseras columnares. Todas son herbívoras y se las puede encontrar en ecosistemas tan distintos como los desiertos o los humedales.

En la actualidad, la mayor parte de las especies de tortugas terrestres tienen problemas de conservación derivados, principalmente, de las transformaciones de los hábitats en que viven. La tortuga mora, *Testudo graeca* L., especie de la que trata esta monografía, no es una excepción. Las exportaciones masivas que durante años se han producido desde el norte de Africa hacia Europa, los informes sobre el declive de las poblaciones naturales occidentales, debidos a la degradación y reducción de sus áreas de ocupación y por último, la evidencia de que la mayor parte de la distribución oriental de la especie se extiende por zonas áridas o semiáridas donde la densidad de tortugas no es elevada, han sido motivo suficiente para que la UICN, Unión Internacional para la Conservación de la Naturaleza, haya catalogado a la especie como "vulnerable", término que implica un alto riesgo de extinción en estado silvestre a medio plazo (IUCN 1996).

En este libro presentamos los resultados de las investigaciones realizadas, entre 1980 y 1994, sobre las tortugas moras de Doñana. Por una parte, se resumen los datos obtenidos para la tesis doctoral de una de las autoras, A. C. A., llevada a cabo entre los años 1980 y 1985. En determinados aspectos, como los que tratan sobre actividad y reproducción en particular, se ha incorporado además la información obtenida en años posteriores, publicada más detalladamente en distintos artículos científicos.

Se presentan, por otra parte, los resultados de un proyecto de investigación aplicado a la conservación de la especie, que realizamos durante los años 1992 a 1994 y en el que desarrollamos un método para el seguimiento de la población de tortugas de Doñana y analizamos su dinámica poblacional .

Diferenciados a lo largo del texto se insertan siete cuadros explicativos. Los tres primeros amplian o detallan algunos de los métodos utilizados durante el trabajo. En los cuatro restantes, incluidos en el estudio demográfico, se exponen algunos resultados de la tesis doctoral de ANDREU (1987), que hemos querido diferenciar para su comparación con los obtenidos en los últimos años, que se describen ampliamente en el texto.

En la primera parte de esta monografía situamos la especie desde el punto de vista taxonómico y describimos brevemente el área donde se han llevado a cabo los estudios. A continuación hemos incluido un capítulo sobre metodología en el que exponemos las técnicas más comunes en estudios de quelonios, si bien en capítulos posteriores se detallan otros aspectos particulares de metodología. En los capítulos siguientes nos adentramos en la biología de estos animales, en particular sus patrones de actividad, cómo utilizan el espacio en el que viven, de qué se alimentan y cómo se reproducen. Por último, en los capítulos finales, presentamos los resultados del estudio demográfico realizado entre 1992 y 1994, en el que se evaluó el estado de la población en aquellos momentos, se analizó su estructura poblacional y se estimó el número de efectivos y la distribución dentro del Parque.

CAPÍTULO 1

GENERALIDADES SOBRE LA ESPECIE

SISTEMÁTICA, DISTRIBUCIÓN Y ESTATUS

El género *Testudo*, al que pertenecen las tortugas moras de Doñana, se incluye en la familia Testudinidae, un grupo de tortugas exclusivamente terrestres. Actualmente, las especies de este género se distribuyen por el sur de Europa, el norte de Africa y Oriente Medio hasta Asia Central. *Testudo* es en nuestros días objeto de una amplia controversia ya que no existe acuerdo sobre el número de especies que lo componen ni si se trata en realidad de uno o más géneros.

Hasta hace unos años, la opinión más aceptada admitía la existencia de cinco especies actuales dentro del género *Testudo: T. graeca, T. hermanni, T. marginata, T. kleinmanni* y *T. horsfieldii* (LOVERIDGE & WILLIAMS 1957, BOUR 1989, IVERSON 1992). A éstas habría que añadir la descrita por BOUR (1995), *T. weissingeri*, para el sur del Peloponeso, Grecia.

Sin embargo, KHOZATSKY & MLYNARSKY (1966) y GMIRA (1993; 1995) han fundamentado la existencia de un género distinto, *Agrionemys*, dentro del tradicional *Testudo*, en que KHOZATSKY & MLYNARSKY (op. cit.) sitúan únicamente a *horsfieldii*, mientras que GMIRA (1993, 1995) incluye también a *hermanni*.

En España sólo se encuentran dos especies de tortugas terrestres, la tortuga mediterránea, a la que en este trabajo seguiremos denominando *Testudo hermanni* a la espera de un mayor consenso, y la tortuga mora, *Testudo graeca*.

T. graeca Linnaeus 1758, se distribuye por el norte de Africa, algunas localidades del suroeste europeo (las poblaciones ibéricas), y en el este del continente, desde la antigua Yugoslavia hasta Turquía, llegando por el suroeste asiático hasta Irán. Hasta el momento se han descrito más de nueve subespecies, de las cuales las seis siguientes son las más aceptadas: *T. g. graeca, T. g.*

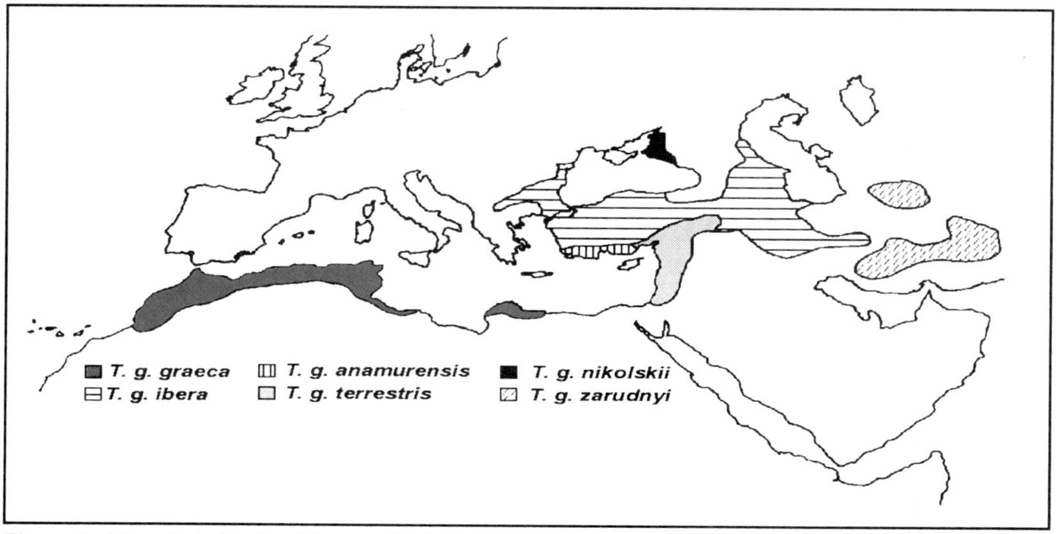

Figura 1.- Mapa de la distribución mundial de *T. graeca* con detalle de la distribución de las 6 subespecies más aceptadas.

Figure 1.- Overall distribution range of *T. graeca*, featuring the distribution limits of the 6 most commonly accepted subspecies.

ibera, T. g. terrestris, T. g. anamurensis, T. g. nikolskii y *T. g. zarudnyi* (IVERSON 1992, SCHLEICH *et al.* 1996) (Figura 1).

Desde hace años se discute si algunos de estos taxones merecen el estatus de especie. OBST & AMBROSIUS (1971) sugieren que *T. g. graeca*, la subespecie más occidental a la que pertenecen las poblaciones españolas, es en realidad una especie distinta de *T. g. ibera*. BOUR (1989) y DAVID (1994), consideran la existencia de dos especies: *T. graeca,* que incluiría sólo las poblaciones del norte de Africa, y *T. terrestris*, en oriente. Por otra parte GMIRA (1993; 1995) reconoce al menos tres especies distintas: *T. graeca, T. ibera* y *T. terrestris,* mientras que para HIGHFIELD & MARTIN (1989a) las especies diferentes serían: T. *graeca, T. ibera* y *T. zarudnyi*. El número dispar de especies que se han propuesto hasta ahora para las tortugas moras orientales, varía dependiendo de las poblaciones que los investigadores han podido estudiar en cada caso.

Por otra parte, en lo que se refiere a las poblaciones norteafricanas, en la actualidad, algunos autores han hecho hincapié en la existencia de varios morfotipos distintos (HIGHFIELD & MARTIN 1989a, b; HIGHFIELD 1990; SCHLEICH 1996), si bien, sólo HIGHFIELD & MARTIN (1989a, b) y HIGHFIELD (1990) han descrito taxones nuevos: un género, *Furculachelys* y tres especies: *F. whitei, F. nabeulensis* y *Testudo flavominimaralis.* En nuestra opinión estas descripciones tienen una base argumental débil y se necesitaría un estudio más exhaustivo sobre el tema, por lo que en el presente trabajo hemos conservado la denominación tradicional y considerado a las tortugas moras occidentales como una única subespecie.

La especie está protegida a nivel internacional (Convenio de Berna, reglamento CITES, Directiva de la Unión Europea sobre protección de la Biodiversidad) y a nivel nacional, ya que España ha reflejado en su legislación la normativa internacional a este respecto (REAL DECRETO 1997/1995 sobre protección de la Biodiversidad). En el ámbito íbero-balear se la considera especie en peligro y como tal está incluida en el Libro Rojo de los vertebrados españoles (BLANCO & GONZÁLEZ 1992).

DESCRIPCIÓN

La tortuga mora, *Testudo graeca*, Linnaeus 1758, es un pequeño quelonio de alrededor de un kg de peso, que llega a alcanzar los 35 cm de longitud. Su caparazón es abombado, de color amarillo o pardusco y con manchas negras. En el espaldar hay cinco placas vertebrales, cuatro costales y once marginales. La placa supracaudal no sobresale de las marginales y no está dividida. En los adultos la parte posterior del peto, el xiphiplastron, presenta cierta movilidad gracias a la existencia de una charnela situada entre las placas femorales y abdominales, lo que permite cerrar o abrir ligeramente la abertura posterior del caparazón (ERNST & BARBOUR 1989).

Las patas delanteras tienen cinco uñas y cuatro las traseras. Es típico de estas tortugas la presencia en la parte posterior del muslo de un tubérculo ancho y la ausencia de una uña terminal en la cola. Estas dos últimas características, junto a la placa supracaudal

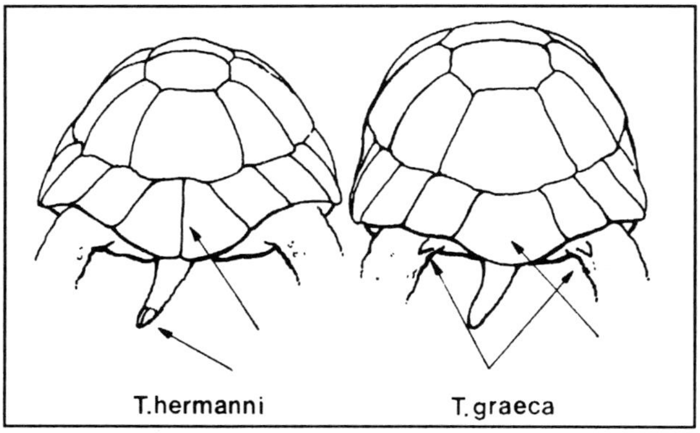

Figura 2.- Principales diferencias morfológicas entre *Testudo hermanni* y *T. graeca.*

Figure 2.- Most important morphological differences between *Testudo hermanni* and *T. graeca.*

no dividida, son algunos de los caracteres que permiten distinguir fácilmente a *Testudo graeca* de la otra tortuga ibérica, *T. hermanni* (Figura 2).

LAS TORTUGAS MORAS IBÉRICAS

La subespecie *T. g. graeca* se distingue por ser de talla mediana dentro del rango de la especie (rara vez sobrepasa los 20 cm de longitud) y de color amarillento, oliva pálido o pardo; las placas del espaldar por lo general tienen los bordes negros u oscuros y una mancha central también negra. En el peto las manchas negras son muy irregulares (LOVERIDGE & WILLIAMS 1957).

El área de distribución de la subespecie comprende el sur de la península Ibérica y Baleares (LÓPEZ-JURADO *et al.* 1979) y el norte de Africa, desde la costa atlántica de Marruecos al noreste de Libia (LOVERIDGE & WILLIAMS 1957, BONS & GÉNIEZ 1996, SCHLEICH *et al.* 1996).

En la península Ibérica *T. g. graeca* se encuentra en dos pequeñas áreas del sur, aisladas entre sí. La población del suroeste esta constituida por un único núcleo situado en el interior del Parque Nacional de Doñana, en Huelva. En el sureste, el área ocupada por las tortugas se extiende por el norte de la provincia de Almería y el sur de la de Murcia con sus límites por el norte en el puerto de Mazarrón - pico del Gigante, la costa entre Carboneras y el puerto de Mazarrón por el este, al sur por la línea Carboneras - Sorbas y al oeste por la línea Sorbas - Vélez Rubio. La distribución en el interior de este área no es continua sino que existen núcleos dispersos y aislados entre sí, siendo muy variable también la densidad de tortugas de unos puntos a otros (LÓPEZ-JURADO *et al.* 1979).

En Baleares existen poblaciones de tortugas moras en la isla de Mallorca, sobre todo en los cerros de Calvià, en Santa Ponça y en las sierras al oeste de Palma. Hasta el siglo pasado abundaban en Ibiza, en los alrededores de Sta. Eulalia, donde en la actualidad se da por extinguida. En Formentera, aunque hubo muchas hasta principios de siglo, es hoy muy escasa (MAYOL 1985).

El origen de las tortugas moras españolas ha sido muy discutido. Mientras que en Baleares se sabe que fue introducida, procedente del norte de Africa (MAYOL 1985), el origen autóctono de las poblaciones peninsulares es mucho más controvertido, ya que aunque se conocen fósiles de *Testudo* desde el Mioceno (JIMÉNEZ-FUENTES *et al.* 1992), sólo en tres ocasiones se han atribuido a *T. graeca*. La cita más antigua corresponde a unos restos cuaternarios encontrados en Portugal a principios de siglo y atribuidos a *graeca*, antes de que se supiera de la existencia de varias especies europeas distintas dentro del género *Testudo*, lo que hace dudosa su determinación (ROCHE 1972). En los dos casos restantes, se trata de fósiles del Pleistoceno superior, uno hallado en Cueva Horá, Granada, (BAILÓN 1986) y otro encontrado recientemente en Málaga (BAILÓN com. pers.). A nuestro entender, la escasez de restos fósiles y la dificultad de su identificación no permite por el momento aclarar de forma definitiva el origen de las poblaciones ibéricas. En el norte de Africa, sin embargo, existe un amplio registro fósil de *T. graeca* (GMIRA 1995).

LAS TORTUGAS DE DOÑANA

Las referencias más antiguas que se han encontrado sobre las tortugas de Doñana se remontan al siglo XVIII. En el Primer Catálogo de las aves del Coto, realizado en 1765, Fray Enrique Florez habla de "galápagos terrestres" y en los envíos que este mismo fraile hizo en años posteriores al recién creado Gabinete del Príncipe, antecesor del actual Museo de Ciencias Naturales de Madrid, se encontraban "icoteas y galápagos", siendo la voz "icotea" un americanismo de la palabra tortuga. De igual modo, en los Censos del Coto de Doña Ana de 1774, se encuentran citas de tortugas y galápagos (GRANADOS 1987).

Algunos autores han comentado que la población actual es el resultado de hibridaciones con tortugas de Marruecos introducidas a lo largo de este siglo (BLANCO & GONZÁLEZ 1992). A este respecto, cabe decir que ciertamente, un pequeño número de individuos, menos de 100 según VALVERDE (1967), se introdujeron entre los años 1948 y 1954, en una de las fincas del actual Parque. Hasta el momento se desconoce lo que este aporte genético puede suponer a nivel poblacional.

BLANCO & GONZÁLEZ (1992) han considerado esta población estable, basándose para ello probablemente en el nivel de protección que disfruta el Parque. Sin duda, los usos a los que se destinó la zona en el pasado, mayoritariamente como fincas de caza, y las leyes que protegen el área en la actualidad, han contribuido al mantenimiento de la especie en la comarca. Sin embargo, al tratarse de una población pequeña, restringida a zonas muy concretas y aislada sin posibilidad de conexión con otras poblaciones de la especie, resulta ser más vulnerable que otras ante sucesos catastróficos, por lo que creemos imprescindible un seguimiento continuado de la misma, que permita detectar con suficiente prontitud cualquier tendencia regresiva y actuar para garantizar su conservación.

CAPÍTULO 2

EL ÁREA DE DOÑANA

Situada en el suroeste de la península Ibérica, (entre los 36°48' y los 37°7'N y los 6°12' y los 6°30'O), la comarca de Doñana se extiende sobre el antiguo estuario del Guadalquivir, colmatado en la actualidad por los sedimentos que el río ha ido depositando y las arenas que las corrientes marinas y los vientos dominantes han acumulado en la costa.

El Parque Nacional de Doñana ocupa unas 77000 Ha de extensión y ha sido descrito con precisión en numerosos trabajos y bajo diferentes puntos de vista; para un conocimiento más detallado recomendamos los estudios de VALVERDE (1960; 1967), ALLIER *et al.* (1974), GARCÍA NOVO *et al.* (1977), AMAT *et al.* (1979) y CASTROVIEJO (1993).

Se trata de un paisaje predominantemente llano, en el que geomorfológicamente se distinguen tres grandes sistemas: 1) el sistema litoral (la playa), 2) el sistema eólico (zonas arenosas que constituyen las dunas móviles, las arenas estabilizadas y las zonas de contacto con la marisma), y 3) el sistema de estuario (marisma) (SILJESTRÖM *et al.* 1994).

Las tortugas sólo se encuentran en el sistema eólico, en el que destacan los siguientes biotopos:

- La Vera, que es la zona de borde entre las marismas y las arenas estabilizadas. Ocupa una franja de 200 a 1500 m de anchura, caracterizada por extensas praderas (con predominio de *Rumex bucephalophorus* y gramíneas) y helechales de *Pteridium aquilinum* que alternan con matorrales más o menos xerofíticos (monte). En la Vera se encuentran también ejemplares dispersos de alcornoques, *Quercus suber*. En su parte norte, la Vera está repoblada de eucaliptos que se ha comenzado recientemente a eliminar, dentro del plan de manejo del Parque.

- Las naves: constituyen las partes más elevadas y áridas, caracterizándose por la escasez de cuerpos de agua y por la existencia de bosquetes de sabinas, *Juniperus phoenicea*, y enebros, *J. oxycedrus*.

- Monte: Entre las naves y la Vera se extienden grandes masas de matorral que, donde la capa

Matorral mediterráneo (monte blanco)

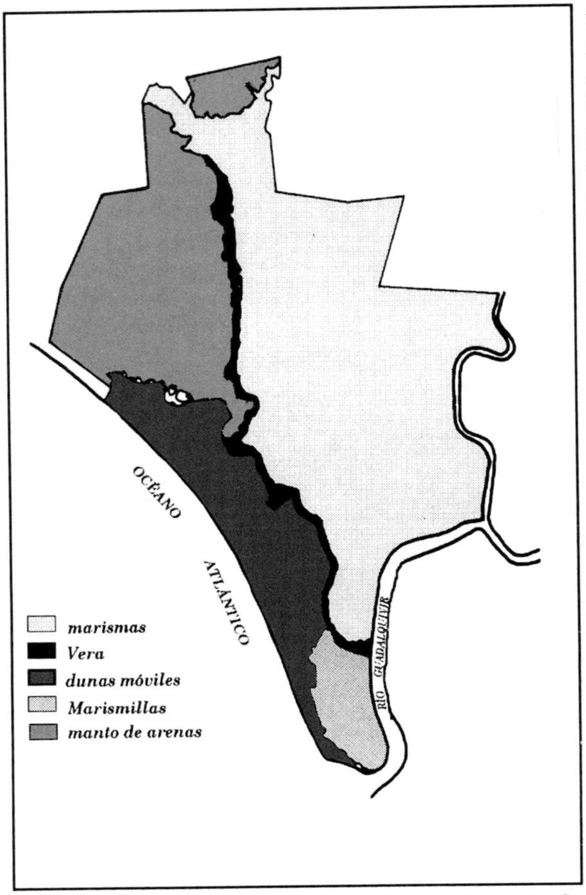

Figura 3.- Mapa del Parque Nacional de Doñana. Se muestran algunos de los biotopos y zonas geomorfo-lógicas más relevantes para las tortugas. Ver texto para más detalle.
Figure 3.- Map of the Doñana National Park, showing those biotopes and geomorphological zones most relevant for tortoises (see text for more details).

freática se encuentra más próxima a la superficie, se denomina "monte negro", y que se caracteriza por la existencia de brezales densos (de *Erica scoparia* principalmente). Las zonas de menor humedad, donde predomina el matorral de *Halimium halimifolium*, se conoce como "monte blanco". En estas zonas existen abundantes depresiones leves que dan lugar a multitud de charcas y lagunitas temporales en años lluviosos. También alberga esta zona la mayoría de las grandes lagunas permanentes de Doñana.

- Dunas y corrales: El sistema de dunas móviles corre paralelo a la costa y está formado por tres o cuatro frentes dunares entre los que se encuentran los corrales, valles interdunares sobre los que avanzan las arenas móviles. La vegetación característica de los corrales son pinares de *Pinus pinea*. Según la profundidad media a que se encuentra la capa freática, los corrales son más húmedos o más secos. Los corrales húmedos se encharcan en épocas lluviosas, lo que hace posible el mantenimiento de extensos juncales. En la zona sur del Parque, entre las dunas móviles y la marisma, se extiende un pinar de grandes dimensiones, conocido como las Marismillas, en el que se encuentran amplias planicies inundables, llamadas navazos.

En la figura 3 se muestra el mapa del Parque Nacional de Doñana en el que se delimitan las áreas geomorfológicas y los biotopos más relevantes para el estudio de las tortugas.

El clima de Doñana es mediterráneo con influencia atlántica. Ésto quiere decir que existe una estación húmeda localizada en otoño-invierno, con temperaturas moderadamente frías, mientras que los veranos son muy calurosos y secos. Las lluvias se concentran entre noviembre y febrero, siendo la media de la precipitación anual para el área 530 mm. Sin embargo, interanualmente, la característica pluviométrica dominante es la extraordinaria irregularidad de las precipitaciones.

En el verano se producen las condiciones climáticas más extremas, lo que influye decisivamente en la biología de la flora y fauna de la zona. La estación se caracteriza por la ausencia de precipitaciones y las elevadas temperaturas (en los días más cálidos se alcanzan valores superiores a los 40 °C y la media de las máximas de estos meses se sitúa alrededor de los 33°C).

El resultado de este régimen climático es una fuerte estacionalidad que tiene un reflejo espectacular en el paisaje de Doñana, especialmente en la marisma que se inunda en invierno y se seca completamente en verano.

Helechal al borde de la marisma

Pradera marismeña en la Vera

Mancha de brezal entre monte blanco

Corral entre dunas

CAPÍTULO 3

METODOLOGÍA COMÚN EN ESTUDIOS SOBRE TORTUGAS

Las tortugas moras, por sus dimensiones y movimientos lentos y poco ágiles, son más fáciles de detectar y manejar que otros reptiles. La búsqueda de los animales en el campo se hace usualmente mediante recorridos a pie, localizándose a veces a simple vista y otras, gracias al ruido que producen al moverse entre la vegetación o al realizar determinadas actividades como por ejemplo, los golpeteos que producen los machos al chocar su caparazón contra el de la hembra durante el cortejo. Asimismo, su presencia es fácilmente constatable al quedar registrados sus característicos rastros sobre el substrato arenoso. Los muestreos deben llevarse a cabo en las horas y épocas en que las tortugas se encuentran activas.

El estudio de la distribución de la tortuga mora en Doñana se llevó a cabo mediante recorridos a pie por el Parque en los que se anotaba la presencia de huellas. A este respecto cabe decir que, en Doñana, existen otras dos especies de quelonios, el galápago europeo, *Emys orbicularis* y el galápago leproso, *Mauremys leprosa*. Los rastros de las tortugas son fácilmente distinguibles porque no dejan señal de la cola al desplazarse, mientras que los galápagos sí lo hacen.

Marcado individual.- El marcado individual permite el seguimiento de animales en libertad que de esta manera son reconocidos cada vez que se recapturan. Una forma óptima de marcado para las tortugas, consiste en la realización de muescas, con la ayuda de una segueta, sobre las escamas marginales del caparazón. Las hendiduras, leves, deben llegar al hueso sin hacer daño al animal y según en qué placa se hagan, indican una u otra cifra. Las marcas resultan permanentes, pues se mantienen incluso después de la muerte del animal y no parecen causar ningún trastorno ni modificación en su comportamiento habitual. La excepción la constituyen los individuos de corta edad, de los que no tenemos constancia de cuánto tiempo permanecen

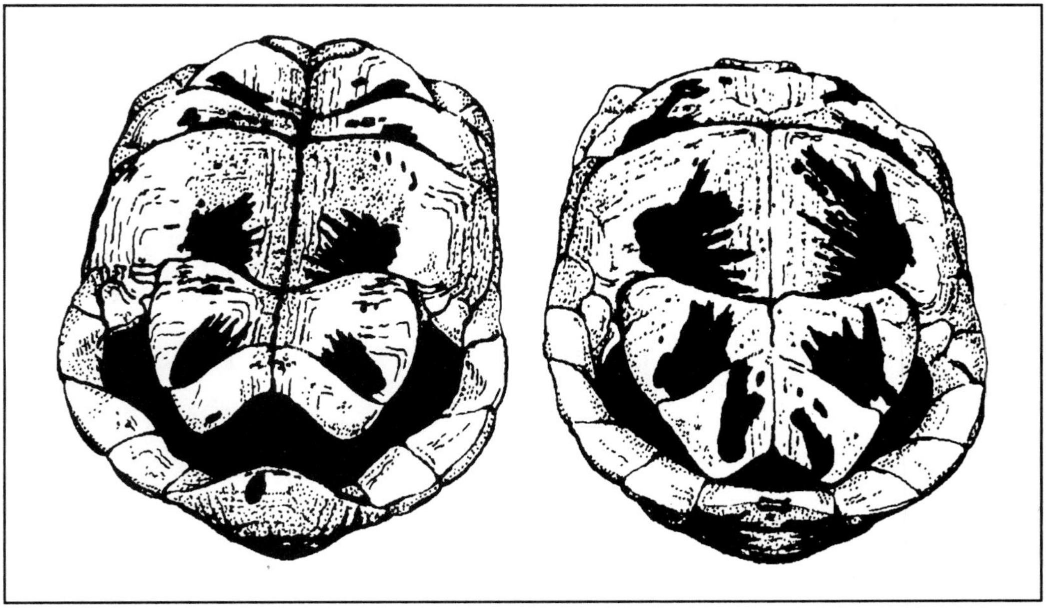

Figura 4.- Principales diferencias entre el caparazón del macho (izquierda) y el de la hembra (derecha).
Figure 4.- Sexual dimorphism in the carapace of male (left) and female (right) spur-thighed tortoises.

las pequeñas muescas hechas sobre su caparazón. Esta metodología es de uso común en quelonios (ver por ejemplo DUNHAM *et al.* 1988, PLUMMER 1989) y presenta la ventaja de no afectar a la supervivencia de los animales (Cuadro 1).

Dimorfismo sexual.-. En los animales adultos es muy fácil distinguir a los machos, que alcanzan menor tamaño que las hembras. Los machos presentan una ligera concavidad en el peto, que no existe en las hembras, y tienen las escamas anales más cortas que aquellas. En consecuencia, el hueco que queda entre el final del espaldar y el peto es mayor en los machos. Otro carácter distintivo es la forma de la placa supracaudal, convexa en los machos y plana en las hembras (figura 4). Para terminar, la cola de los machos es más voluminosa y larga que la de las hembras. La distinción del sexo en crías y juveniles es imposible de hacer por su morfología externa ya que en ellos aún no se han diferenciado los caracteres sexuales secundarios que hemos descrito antes.

Estima de la edad.- Un dato importante a tomar cuando se emprende un estudio poblacional es la edad de los individuos. Para calcularla, aprovechamos el hecho de que, en las tortugas, las placas córneas del caparazón crecen por aportes anuales de queratina que dan lugar a anillos muy evidentes (BRAZA *et al.* 1981). La validez del método ha sido demostrada en esta especie por CASTANET & CHEYLAN (1979).

En una tortuga adulta se ven generalmente tres tipos de anillos, unos anchos que se depositan durante la etapa juvenil, seguidos de otros medianos y otros muy estrechos que corresponden al crecimiento durante la fase adulta. La estima requiere un cierto entrenamiento por parte del observador y en los individuos muy viejos es necesario realizarla mediante el uso de una lupa.

Además del sexo y la edad, cada vez que se captura una tortuga resulta de utilidad anotar los siguientes datos: fecha y hora de captura, condiciones climáticas en ese momento, hábitat en el que se encontraba el animal y actividad que realizaba, localización exacta, peso, longitud del espaldar y longitud del peto. El peso, en el campo, se suele registrar mediante el uso de dinamómetros. Las longitudes se miden en línea recta con la ayuda de un calibre de precisión y en la forma en que se muestra en la figura 5.

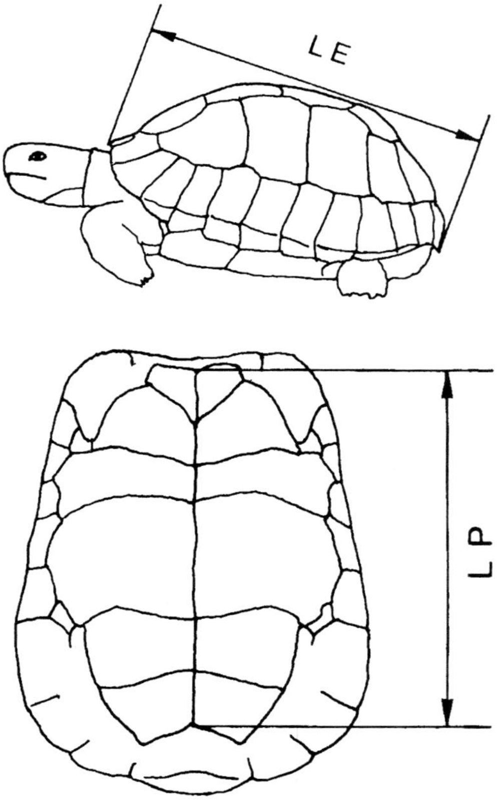

Figura 5.- Forma de medir la longitud del espaldar (LE) y la longitud del peto (LP). Tomado de Braza *et al.* 1981.

Figure 5.- Measures taken on the shell of tortoises: straight carapace length (LE) and plastron length (LP). After Braza *et al.* (1981).

Seguimiento individualizado.- Determinados estudios requieren el seguimiento y control de los individuos durante periodos continuados. Una técnica muy utilizada en los últimos años, en muchas especies de vertebrados silvestres, es **el radioseguimiento**, que consiste en la coloca-

Cuadro 1. Clave de marcado usada en Doñana.

El número con que se marca un animal es el resultado de la combinación de muescas en las distintas escamas marginales del caparazón. En el dibujo de la izquierda, se presentan todas las posibilidades de marcado (la clave permite marcar hasta 9999 individuos distintos). Viendo al animal desde arriba, las muescas realizadas en las marginales posteriores izquierdas corresponden a las unidades, las hechas en el margen posterior derecho a las decenas, las centenas se marcan en las placas anteriores izquierdas y los miles en las anteriores derechas.

En cada placa se pueden marcar dos cifras distintas según que se haga la muesca cerca de una u otra sutura lateral. La placa supracaudal, a efectos de marcado, está imaginariamente dividida en dos, siendo cada mitad como una placa completa. En la parte anterior del caparazón, el número de placas disponibles para marcado se reduce a tres en cada lado (debido al incremento en espesor del hueso en la zona de unión entre peto y espaldar), por lo que a partir de 500 en la izquierda ó 5000 en la derecha, hay que utilizar la combinación de dos marcas (PÉREZ *et al.* 1979). El dibujo de la derecha muestra un ejemplo práctico de marcado.

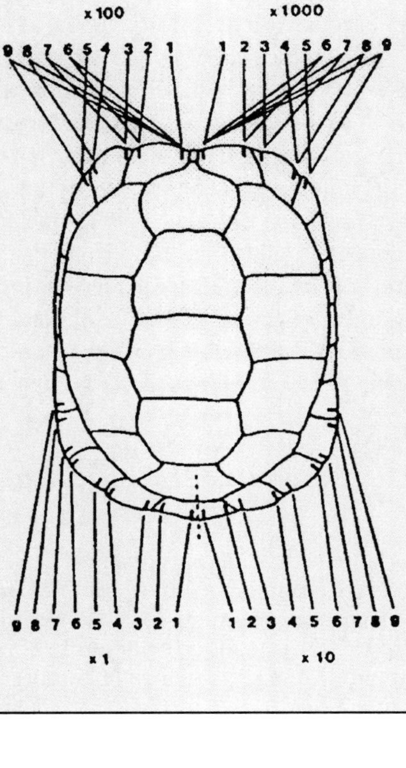

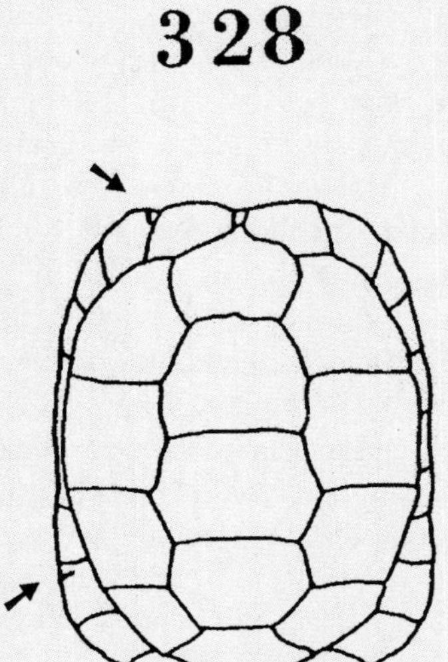

ción de un pequeño emisor al animal, que emite en una frecuencia determinada y que permite su localización posterior mediante el uso de un receptor y una antena. Los emisores han de ser de pequeño tamaño y su peso está relacionado con la duración de la pila, no debiendo sobrepasar en total el 10% del peso del animal. En las tortugas el emisor se coloca directamente sobre el caparazón con un pegamento de contacto, procurando que no afecte a la movilidad del animal y que quede lo más protegido posible frente al rozamiento con la vegetación. La principal ventaja del método consiste en que permite la localización de los individuos durante todo el periodo de duración de la batería, que puede ser de meses o incluso de años (ver por ejemplo, KENWARD 1987; PRIEDE & SWIFT 1992).

Otra técnica muy sencilla y sobre todo extremadamente barata en lo que a materiales se refiere, consiste en **el seguimiento mediante hilo** (cuadro 2). Se utiliza desde hace muchos años con quelonios terrestres (BREDER 1927), aunque últimamente ha sido sustituida por el radioseguimiento. El beneficio más notable que se obtiene con este método consiste en que permite rehacer el recorrido completo de los individuos, mientras que con el radioseguimiento sólo se obtienen localizaciones puntuales. Por otra parte, el inconveniente de esta técnica es que requiere un control exhaustivo de los individuos, pues en épocas de mucha actividad es necesario reemplazar frecuentemente las bobinas de hilo, puesto que si se desenrollaran completamente se produciría la pérdida de la tortuga. Asimismo, no resulta recomendable en lugares donde haya mucho tránsito de personas o de grandes vertebrados, como ganado, etc., pues éstos se enredan frecuentemente con el hilo, produciendo su rotura.

Cuadro 2. Seguimiento con hilo

Consiste en acoplar a la tortuga una bobina de hilo cuyo extremo se ata a un punto cercano a donde se encuentra el animal. Conforme la tortuga va caminando el hilo se va desenrollando y al final del día se puede rehacer el recorrido del animal recogiendo el hilo dejado. Esta técnica nos ha permitido conocer, por ejemplo, cuánto se mueven las tortugas por término medio, sus preferencias a la hora de esconderse, e incluso (en combinación con otros métodos) localizar los nidos (KELLER 1993). Dependiendo del tamaño del animal, se le colocan bobinas de mayor o menor longitud. Así por ejemplo, para detectar los mayores recorridos realizados por los machos en celo llegamos a colocar, dentro de un pequeño receptáculo de plástico cuatro bobinas de 400 m, unidos entre sí, con lo que teníamos capacidad de detectar movimientos diarios superiores a un kilómetro.

Es recomendable introducir las bobinas en algún bote o tubo con tapón que, aparte de evitar el que estén expuestas a la intemperie, permitan su reemplazo con facilidad. Inicialmente se debe anotar la cantidad total de hilo del que dispone cada animal, e ir controlando el que se va desenrollando, día a día, con el fin de prevenir el momento en que la bobina debe ser reemplazada.

Una técnica que demostró su utilidad a la hora de investigar la reproducción de las tortugas fue el uso de los **rayos X** (GIBBONS & GREENE 1979). El radiografiado de hembras adultas nos permitió, sin apenas molestias para los animales, visualizar el número de huevos en su interior, siempre que aquellos ya tuvieran la cáscara calcificada. De este modo se delimitó el periodo de puesta y conocimos el número de huevos y el de puestas que realizaba cada hembra, así como la proporción de éstas que se reproducían anualmente. Algunos autores han utilizado las **ecografías** para la detección de las puestas (KUCHLING 1989), técnica que ha dado también excelentes resultados.

En los capítulos siguientes mencionaremos otros métodos de los que nos hemos valido en el curso de estos años. Una más extensa y detallada información sobre metodología adecuada para el estudio de los quelonios se puede encontrar en STUBBS *et al.* (1984) y en HARLESS & MORLOCK (1989).

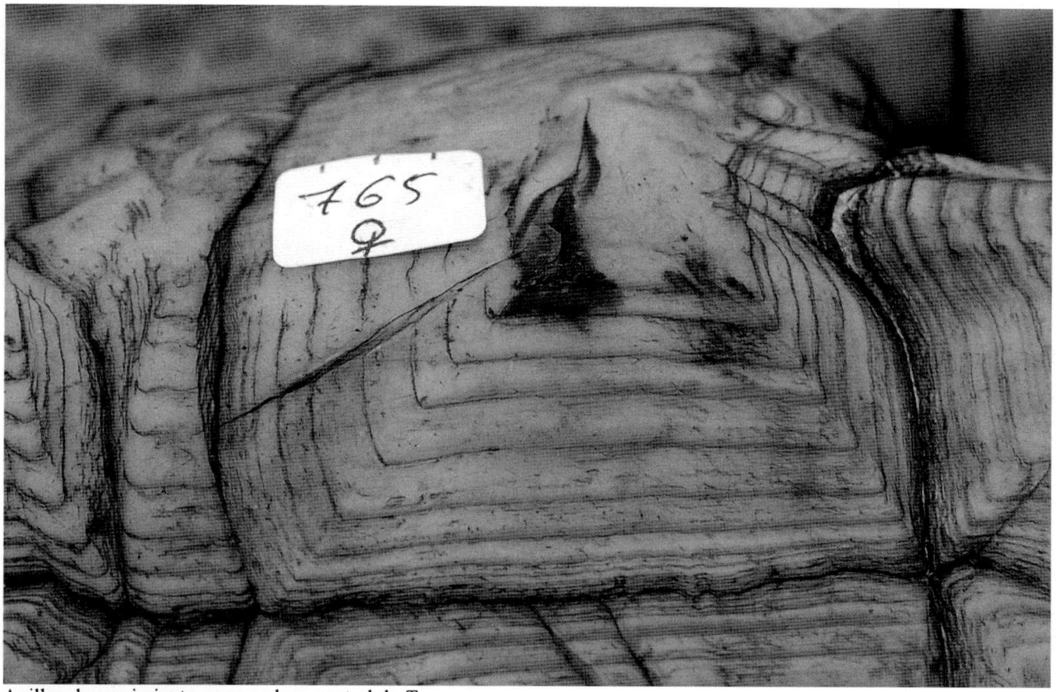

Anillos de crecimiento en una placa ventral de *T. graeca*.
Growth rings on a ventral plate of the plastron of *T. graeca*.

Tortuga con un radioemisor colocado sobre su espaldar.
Tortoise carrying a radiotransmitter attached to its back.

Tortuga equipada con una bobina de hilo para su seguimiento.
Tortoise carrying a thread-trailer to its back, which is used for continuous field monitoring.

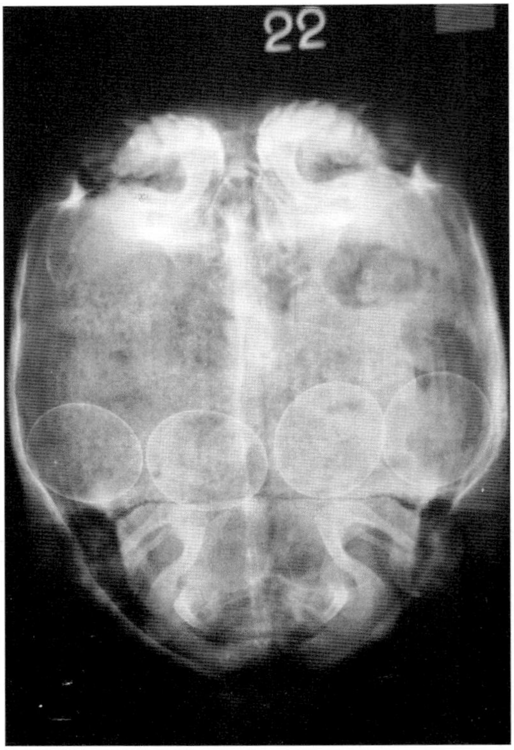

Radiografía de una hembra adulta con huevos.
Radiography of an adult tortoise female showing the presence of calcified eggs.

CAPÍTULO 4

BIOLOGÍA Y ECOLOGÍA DE LA ESPECIE EN DOÑANA

ACTIVIDAD

Actividad anual.- Como todos los ectotermos, las tortugas tienen temperaturas corporales que reflejan las del ambiente en que viven. En climas templados y de marcada estacionalidad como es el caso de Doñana, ésto implica que durante algunos meses al año, las tortugas se mantienen inactivas ya que sólo pueden realizar la mayor parte de sus funciones vitales, tales como moverse, comer o reproducirse, dentro de ciertos márgenes de temperatura ambiental (LAMBERT 1981).

Anualmente, en Doñana, *Testudo graeca* presenta dos periodos de actividad, el principal tiene lugar durante la primavera y el inicio del verano, en el que se producen los cortejos y las puestas. El segundo periodo, de menor duración que el anterior, coincide con el otoño, época en la que de nuevo se pueden observar cortejos (ANDREU & VILLAMOR 1986) (figura 6).

Los dos periodos de inactividad característicos de la especie en el área coinciden con las épocas de clima más riguroso en Doñana: el verano, cuando se alcanzan temperaturas ambientales máximas superiores a los 35 °C y el invierno, con temperaturas mínimas medias cercanas a los 5°C. Durante estos periodos las tortugas pueden ocasionalmente realizar algún desplazamiento pero la tónica general es que estén inactivas, ocultas o incluso enterradas bajo la vegetación.

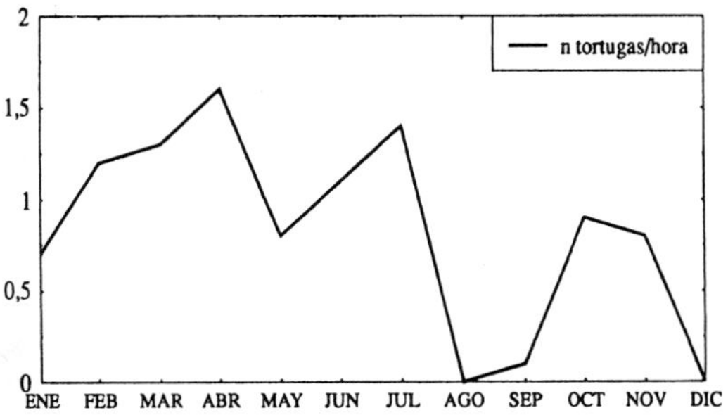

Figura 6.- Actividad anual: número medio de tortugas encontradas por hora de muestreo, en los distintos meses del ciclo anual.

Figure 6.- Annual activity: average number of tortoises observed per sampling-hour in each month of an annual cycle.

El estudio de la movilidad nos sirvió para delimitar los periodos de actividad e inactividad de las tortugas (DÍAZ-PANIAGUA *et al.* 1995). Como se puede ver en la figura 7, en la que se describen los movimientos diarios de tortugas adultas durante un año, los machos y las hembras de esta población se comportan de forma diferente tanto en la duración como en las fechas de comienzo y fin de sus periodos de actividad. En general, los machos concluyen el letargo invernal en los últimos días de enero o primeros de febrero, adelantándose con ello considerablemente a las hembras. Desde los primeros días manifiestan una febril actividad, que se refleja en sus recorridos diarios, los más largos de todo el año (pueden llegar a superar el km). La razón de este máximo de actividad se debe a que, en esta época, los machos se encuentran en el momento álgido del celo y se dedican casi exclusivamente a buscar hembras, que por estas fechas apenas están activas, ya que la mayoría no comienzan a moverse hasta mediados de marzo y siempre realizando desplazamientos no muy largos, de menos de 200 m al día.

Los machos concluyen su actividad primaveral aproximadamente a mediados de junio, mes en que las hembras aún están realizando sus puestas. Las hembras realizan los desplazamientos

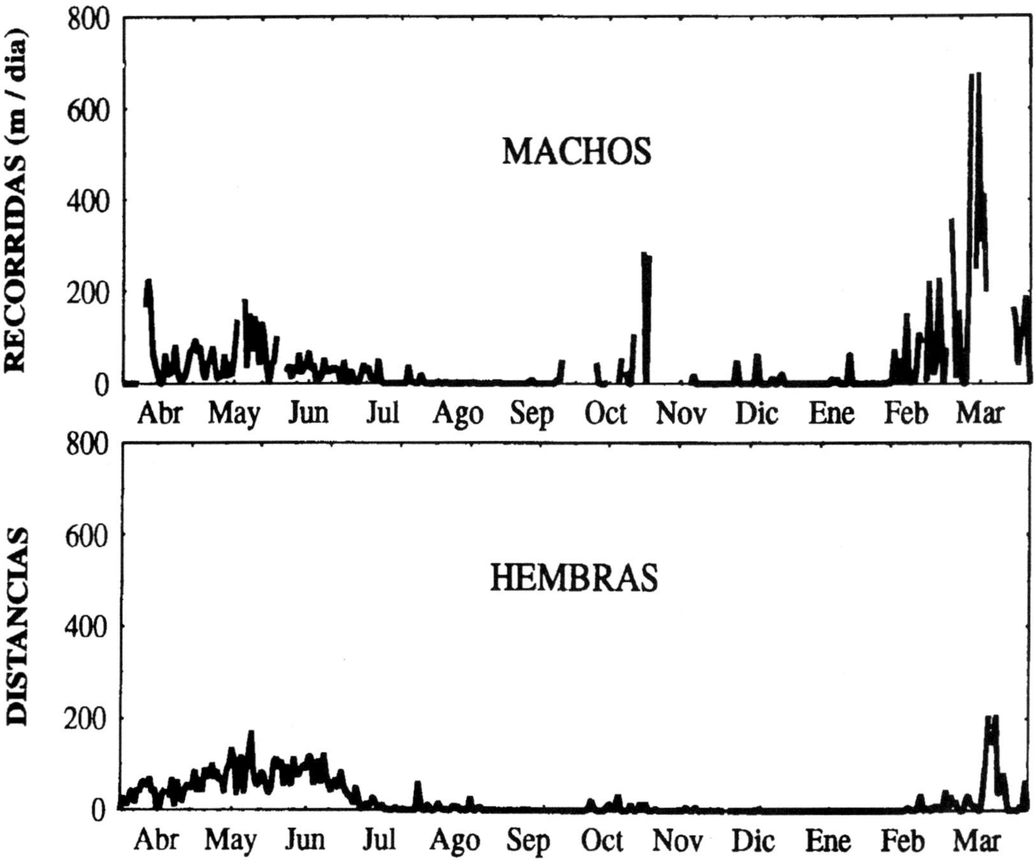

Figura 7.- Movilidad media diaria de las tortugas de Doñana durante un ciclo anual completo.
Figure 7.- Average daily mobility of tortoises in Doñana throughout the year.

más largos del año durante la época de puesta, manteniéndose activas durante gran parte del mes de julio. Durante el otoño, de nuevo los machos están más activos que las hembras y realizan recorridos más largos que ellas. En esta época se da un segundo periodo de celo, de menor intensidad que el primaveral, y al que probablemente haya que atribuir la mayor movilidad de los machos.

El seguimiento de 48 crías, llevado a cabo en Doñana, durante sus primeros 8 meses de vida, entre los años 1991 y 1992, nos ha permitido constatar la escasa movilidad que despliegan en estas edades (4,42 m/día de media). Las crías se mantuvieron activas desde su emergencia en septiembre hasta mediados de diciembre, entrando después en una invernación discontinua que terminó a mitad de febrero, alcanzando los picos de actividad en abril-mayo. En general su movilidad está relacionada con la radiación solar y las temperaturas máximas, y en invierno depende de su condición física (KELLER *et al.* 1998).

Actividad circadiana.- *Testudo graeca* es un animal exclusivamente diurno. Su actividad durante el día viene determinada por la necesidad de termorregulación. Generalmente elevan la

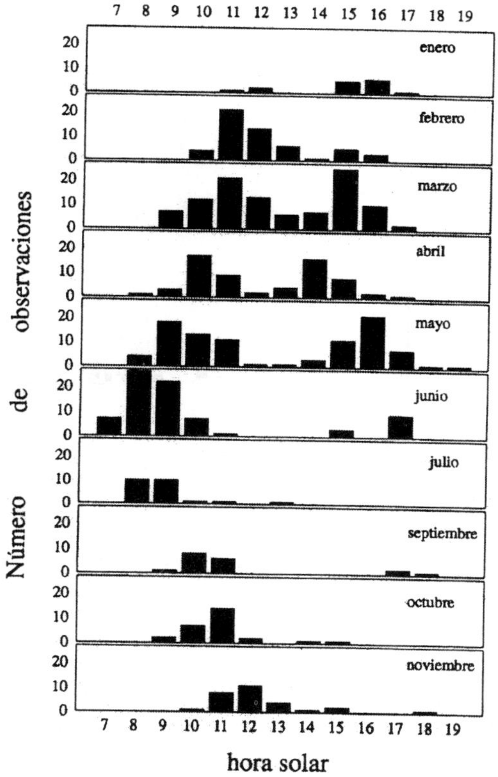

Figura 8.- Actividad circadiana: número de observaciones de tortugas activas a lo largo del día, en los distintos meses del año. Agosto y diciembre no se muestran en la figura ya que no se encontraron tortugas activas durante los muestreos realizados en esos meses.

Figure 8.- Daily activity: number of active tortoises observed throughout the day in each month of an annual cycle. August and December are not shown because no active tortoises were found during these months.

temperatura corporal hasta un nivel óptimo, tomando el sol en las primeras horas de la mañana, dedicándose después a otras actividades (andar, comer, cortejar, etc.). En los periodos calurosos sin embargo, pueden llegar a necesitar mantener su temperatura por debajo de la ambiental o de la del substrato, para lo que se refugian bajo la vegetación o se entierran durante las horas más cálidas (LAMBERT 1981, MEEK & JAYES 1982, MEEK & AVERY 1988, WRIGHT *et al.* 1988).

La variación del número de individuos encontrados activos a lo largo del día y su evolución mes a mes se muestran en la figura 8. En los primeros días templados del invierno, generalmente a finales de enero, comienza a observarse tortugas, sobre todo en las primeras horas de la tarde, las más cálidas del día. Conforme avanza la estación, el periodo de actividad se amplía, ya que las tortugas inician cada vez antes su actividad por las mañanas y la alargan más por la tarde. A partir de marzo, se inicia un patrón bimodal con dos picos de observaciones, uno en la mañana y otro por la tarde. En junio, apenas se encuentran tortugas activas en la tarde y finalmente en julio, sólo se observan durante algunas horas de la mañana.

Tras la estivación, en septiembre, las tortugas presentan un patrón bimodal, con el grueso de las observaciones en la mañana. En los siguientes meses el patrón de actividad pasa a tener un solo pico, desplazándose el mayor número de observaciones de la mañana a las horas centrales del día (ANDREU 1987).

Reparto temporal de actividades.- Durante los periodos de actividad las tortugas deben desarrollar, a lo largo del día, todas aquellas tareas que garanticen el desarrollo normal de sus funciones vitales (figura 9). Para averiguar el tiempo que dedican a cada una de ellas clasificamos todos los comportamientos observados en los siguientes tipos:

1. *Inactividad*: Las tortugas se encuentran ocultas, semienterradas o enterradas, bajo la vegetación.
2. *Solearse*: Inmóviles tomando el sol (constituye una actividad de gran importancia para un ectotermo, que requiere la energía solar para poder realizar otro tipo de actividades con mayor requerimiento energético).
3. *Andar*: Incluye las observaciones de individuos desplazándose.
4. *Comer*: Cuando se encuentran alimentándose o con restos de alimento en la boca.
5. *Cortejar*: Cuando se encuentran dos individuos en cópula o realizando las pautas característi-

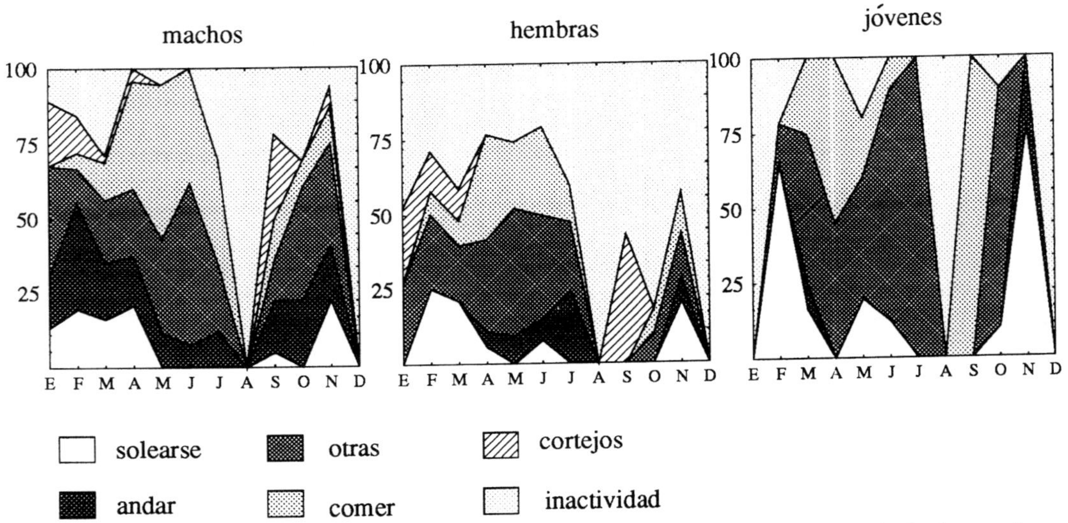

Figura 9.- Reparto temporal de actividades en las tortugas de Doñana. En el eje y: porcentaje de observaciones correspondiente a las actividades consideradas.
Figure 9.- Activity budget of tortoises in Doñana. On the y axis: percentage of observations for each activity considered.

cas precopulatorias, como golpeteo, persecución, etc. (ver descripción en el capítulo de Reproducción).
6. *Otras*: Cuando sin realizar ninguna de las actividades anteriores, no se encuentran tampoco inactivas (por ejemplo cuando se mueven bajo la vegetación, salen del refugio, están excavando, acomodándose, etc.).

El comportamiento de puesta debería constituir otro apartado, pero la falta de observaciones de este tipo cuando se realizó el trabajo, no nos permitió incluirlo en esta lista de actividades.

La categoría *otras* es la que ha sido detectada con mayor frecuencia ya que, como hemos visto, agrupa diversas ocupaciones, como excavar refugios, acomodarse, etc., (29,1% de las observaciones). Su frecuencia no muestra grandes variaciones a lo largo del día ni a lo largo de los periodos de actividad anual, si bien el mayor número de animales implicados en estas tareas se alcanza entre mayo y junio.

La *inactividad* es la segunda categoría más frecuente durante los periodos activos (con el 24,5% de las observaciones) ya que en este estado se encuentran durante todas aquellas horas del día en que la temperatura no resulta adecuada para otros comportamientos. En general, las hembras pasan más tiempo inactivas que los machos, estando sus observaciones equitativamente repartidas entre mañana y tarde. En los machos, sin embargo, este comportamiento se concentra en las horas de la tarde. Por su parte, los jóvenes se caracterizan por una mayor inactividad durante las mañanas.

La actividad *comer* reúne un 18,4% de las observaciones y se observa con mayor frecuencia durante la primavera, produciéndose en los jóvenes y en los machos con igual frecuencia a lo largo de todo el periodo diario de actividad, mientras que las hembras se alimentan principalmente durante las mañanas. Durante la época de puesta las hembras dedican menos tiempo a esta actividad que los machos.

Solearse alcanza un porcentaje del 11,4% de las observaciones. Es una actividad típica de los meses más fríos, realizándose principalmente en las épocas del inicio de la actividad primaveral y antes de entrar en el letargo invernal. Es un comportamiento que se restringe casi exclusivamente a la mañana y al que los jóvenes dedican más tiempo que los adultos.

Las tortugas dedican a *andar* un 10,8% de su tiempo. Es ésta una actividad que se observa en igual proporción a lo largo de todo su periodo activo, lo que en principio no concuerda con los resultados estacionales descritos en el apartado anterior. Sin embargo hay que tener en cuenta que en aquel apartado se comparan los desplazamientos entre sí, y que ciertamente hay más distancias recorridas y por lo tanto andan más en unas estaciones que en otras. Sin embargo, en éste apartado se compara el número de distintas actividades observadas durante el día, lo que hace posible un resultado similar a lo largo del año para esta actividad de "andar". Los adultos se desplazan principalmente durante las mañanas, mientras que los pocos desplazamientos observados en los jóvenes se produjeron durante la tarde. Los machos andan, en general, más que las hembras.

Al *cortejo* sin embargo se le dedica menos tiempo que a cualquiera de las otras actividades, ya que está claramente restringido a épocas determinadas de los dos periodos de actividad y requiere asimismo que se produzca el encuentro entre dos individuos. Se observa más frecuentemente en las primeras horas de la tarde.

USO DEL ESPACIO

El área utilizada por un animal está determinada por los desplazamientos que realiza. Como ya dijimos anteriormente, el aumento de la movilidad está relacionada en las tortugas de Doñana con determinados aspectos de su ciclo reproductivo, como son la búsqueda de hembras en el caso de los machos durante el celo y la realización de las puestas en el caso de las hembras en la primavera. El resultado es que las tortugas pueden mantenerse durante largos periodos del año en un área determinada, ampliándola considerablemente durante épocas concretas, como veremos más adelante con algunos ejemplos.

Movilidad.- Para este estudio utilizamos la técnica del seguimiento con hilo con la cual seguimos a 131 animales a lo largo de diferentes periodos de dos años consecutivos (DÍAZ-PANIAGUA *et al.* 1995).

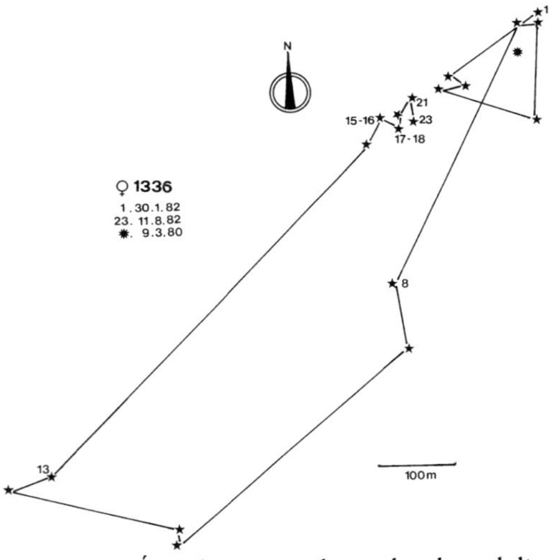

Figura 10.- Área de campeo de una hembra adulta. Las estrellas indican localizaciones consecutivas del animal en un periodo de 7 meses.
Figure 10.- Home range area of an adult female. Stars indicate consecutive locations of this individual over a 7 month period.

Por término medio una tortuga adulta en Doñana se desplaza unos 50 m diarios. Sin embargo, la movilidad varía notablemente de unos periodos del año a otros, así como entre hembras y machos (ver figura 7).

La mayor distancia recorrida en un día fue de 1019 m. Este desplazamiento se registró en un macho durante la época de celo. Las distancias medias registradas se situaron entre los 100 y los 200 m diarios. En el otoño, de nuevo los machos realizaron largos recorridos, si bien menores que los que llevaron a cabo durante el celo de finales de invierno.

El recorrido diario más largo registrado para una hembra fue de 316 m. Estos largos desplazamientos comienzan a registrarse en las hembras en abril y continúan durante toda la época de puesta, contrastando sobremanera con las pequeñas distancias que recorren durante el resto del año.

Áreas de campeo.- Las áreas utilizadas por las tortugas se han determinado mediante el seguimiento de individuos tanto con radioemisores como con hilo.

A la hembra cuyo área de campeo se muestra en la figura 10, se la localizó en 23 ocasiones durante una primavera y el verano siguiente, con lo que se cubrió el periodo de puesta. El seguimiento se realizó gracias a un radioemisor instalado sobre el espaldar del animal. Se trataba de una tortuga adulta que contaba 16 años de edad, pesaba 840 g y medía 171 mm de longitud de espaldar.

Durante el periodo anterior a la puesta las localizaciones se concentraron en un área de 1,8 Ha. El animal realizó a continuación un viaje de ida y vuelta en dirección suroeste, alejándose del área en que se le había localizado hasta ese momento y dirigiéndose hacia una zona con menor densidad de tortugas. La distancia máxima entre dos localizaciones consecutivas durante este periodo se elevó considerablemente (hasta 612,5 m). En este segundo enclave se mantuvo

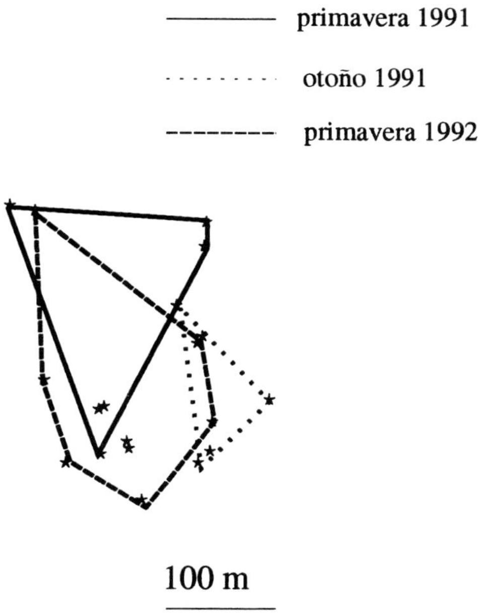

Figura 11.- Área de campeo de un macho adulto.
Figure 11.- Home range area of an adult male.

Figura 12.- Utilización del hábitat por las tortugas de la Vera de Doñana. Los sectores representan la proporción en que se encuentra cada tipo de vegetación presente en el área de estudio. Entre paréntesis la densidad de tortugas calculada para cada tipo de vegetación.
Figure 12.- Habitat use by tortoises on the marsh border (Vera) of Doñana. Each sector stands for the proportional representation of a vegetation type in this area. The calculated density of tortoises for each vegetation type is presented in parenthesis.

durante la época de puestas, regresando después al área original (ANDREU 1987).

Aunque en algunas hembras, como en la descrita, se detecta claramente el desplazamiento fuera de su área de campeo para realizar las puestas, en otras no se da este fenómeno y hacen sus nidos en la zona donde habitualmente se mueven (DÍAZ-PANIAGUA *et al.* 1996).

La figura 11 muestra el área utilizada por un macho que se siguió mediante la técnica del hilo durante un ciclo anual completo. Esta tortuga contaba 19 años, medía 150 mm de longitud de espaldar y pesaba 770 g. Se siguió desde finales del invierno, durante la primavera y el otoño de un año y en la primavera siguiente. El total del área utilizada alcanzó 3,4 Ha, siendo de destacar los elevados desplazamientos realizados durante el final del invierno, periodo en que se registraron recorridos de hasta 1019 m/día y en que su área se extendió hasta 2 Ha. Es notable que las áreas utilizadas en las dos primaveras se solapen en más de un 50%.

Utilización del hábitat.- La utilización del hábitat por las tortugas se estimó mapeando los tipos de vegetación de una zona de la Vera y contabilizando el número de estos animales que se encontraron en cada uno de ellos por Ha (ANDREU 1987).

En la figura 12 se compara la proporción de superficie cubierta por cada uno de los 7 tipos de vegetación presentes en las 50,8 Ha del área estudiada (sectores del círculo), con la densidad de tortugas calculado para cada tipo de vegetación (número de observaciones de tortugas encontradas en cada tipo de vegetación/número de Ha que ocupa ese tipo de vegetación). La vegetación más abundante en la zona es el matorral de monte blanco (caracterizado por el predominio de jaguarzo, *H. halimifolium*), con 16 Ha; le siguen el helechal, 12,4 Ha; la transición monte blanco-helechal, 8 Ha; las praderas húmedas, 5,4 Ha; las praderas secas y de juncales, cada una con 4 Ha de extensión y, con 1 Ha el brezal. Las tortugas utilizan preferentemente el helechal frente a los demás biotopos, la densidad en este tipo de vegetación alcanza las

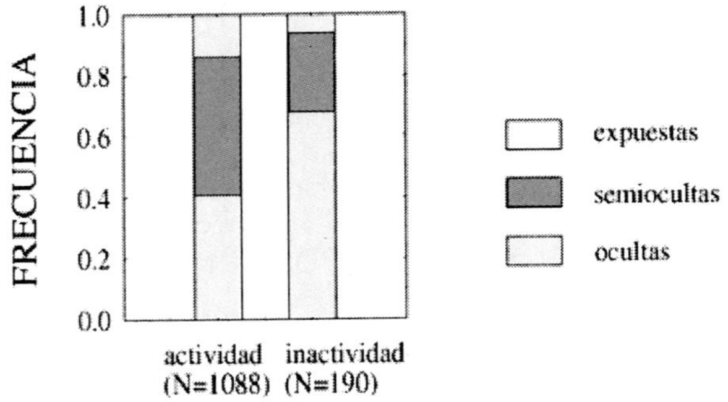

Figura 13.- Grado de ocultación de las tortugas durante los periodos de descanso. Primera barra: en época de actividad; segunda barra: en época de inactividad.

Figure 13.- Level of ocultation of tortoises during resting periods. First bar: during activity seasons; second bar: during inactivity seasons.

12,5 tortugas/Ha. A continuación prefieren el monte blanco, la transición monte blanco-helechal y el brezal. Por último, frecuentan poco las praderas, algo menos de 2 tortugas/Ha (figura 12).

La preferencia de hábitat está determinada en reptiles principalmente por su necesidades de termorregulación (REAGAN 1974). El helechal, hábitat preferido de las tortugas en la Vera de Doñana, proporciona durante su periodo vegetativo, una amplia cobertura al suelo, lo que debe producir un microclima más húmedo y moderado en cuanto a temperaturas que el que se crea bajo otros tipos de vegetación.

Uso de refugios.- A diferencia de otras especies de quelonios terrestres, en Doñana las tortugas no seleccionan refugios fijos ni construyen madrigueras, sino que descansan durante sus periodos de inactividad, tanto en los diarios como en los estacionales, en lugares cercanos al área donde han realizado sus últimas actividades (KELLER *et al.* 1993).

En general se cobijan bajo algún matorral, escondidas parcial o totalmente, aunque a veces simplemente se sitúan bajo un arbusto, quedando bastante a la vista. El tipo de vegetación más utilizado coincidió con las especies más comunes en la zona, jaguarzos (*H. halimifolium*) y aulagas (*Stauracanthus genistoides*).

Durante los largos periodos de inactividad invernal y estival las tortugas tienden a ocultarse más y a enterrarse más profundamente, haciéndose menos visibles desde el exterior y usando con preferencia los arbustos espinosos (figura 13).

ALIMENTACIÓN

Las tortugas de Doñana, como todas las tortugas terrestres, son fitófagas y básicamente se alimentan del estrato herbáceo en el que seleccionan las hojas verdes, las flores, frutos y brotes tiernos.

Para el estudio de la dieta se realizaron observaciones en el campo y se analizaron excrementos que se habían recogido de animales en libertad. Los resultados de ambos métodos confirman que en su alimentación entran una gran variedad de plantas (se identificaron 88 especies pertenecientes a 26 familias distintas), siendo las gramíneas las más consumidas, seguidas a continuación por leguminosas, compuestas y juncáceas, figura 14 (ANDREU 1987).

Grandes consumidoras de frutos, las tortugas contribuyen a la dispersión de algunas de las plantas de las que se alimentan. En los excrementos se identificaron semillas de 34 especies, en algunos casos en enormes cantidades (en una sola muestra se encontraron 1150 semillas de una especie de ranúnculo, *Ranunculus trilobus)*. En los tests de germinación realizados con semillas de seis especies de herbáceas distintas, que habían pasado por el tracto digestivo de las tortugas, frente a semillas que no habían recibido este tratamiento, sólo las de dos especies no llegaron a germinar. En un caso además *(Spergula arvensis),* las semillas incrementaron su tasa de germinación tras su paso por el tracto intestinal de la tortuga (COBO & ANDREU 1988).

En algunas de las especies vegetales consumidas en el área de Doñana, se ha detectado la existencia de substancias tóxicas, especialmente saponinas, taninos y alcaloides (SORIGUER, com.

Tabla 1: Frecuencia de aparición en los excrementos de las tortugas de Doñana, de vegetales, invertebrados y carroña.
Table 1: Frequency of occurrence of plants and the combined categories of plants + invertebrates and plants + carrion in the excrements of *T. graeca* from January (Enero) to December (Diciembre) in Doñana. Nº de muestras = sample size; vegetales = plants; invertebrados = invertebrates; carroña = carrion.

	Nº de muestras	Sólo vegetales	Vegetales + invertebrados	Vegetales + carroña
Enero	10	4 (40%)	4 (40%)	2 (20%)
Febrero	11	18 (20%)	5 (45,5%)	4 (36,3%)
Marzo	32	24 (75%)	5 (15,7%)	3 (9,3%)
Abril	31	18 (58,1%)	9 (29%)	4 (12,9%)
Mayo	3	19 (55,9%)	11 (32,4%)	4 (11,7%)
Junio	21	4 (19,1%)	8 (38,1%)	9 (42,8%)
Julio	16	6 (37,5%)	10 (62,5%)	0
Agosto	0	-	-	-
Septiembre	1	0	1 (100%)	0
Octubre	7	2 (28,6%)	3 (42,9%)	2 (28,5%)
Noviembre	7	5 (71,5%)	2 (28,5%)	0
Diciembre	0	-	-	-
TOTAL	**170**	**84 (49,5%)**	**56 (33,1%)**	**28 (16,4%)**

pers.). Se sabe que la tolerancia de *T. graeca* frente a un alcaloide, la quinina, es unas treinta veces mayor que la que se da en mamíferos, mientras que la respuesta ante los taninos es similar a la de éstos (SWAIN 1976). A este respecto, es curioso el caso de las tortugas gigantes de Aldabra, *Geochelone gigantea*, que seleccionan plantas con bajo nivel de taninos, incluyendo sin embargo, en su dieta las de alto contenido en alcaloides (COE *et al.* 1979). Parece por lo tanto probable que las tortugas moras de Doñana puedan aprovechar una mayor gama de vegetales frente a algunos posibles competidores herbívoros, especialmente mamíferos.

Aunque en menor cantidad que el alimento de origen vegetal, las tortugas de Doñana consumen habitualmente invertebrados y carroña (tabla 1). Se trata principalmente de escarabajos fitófagos pertenecientes a las familias *Chrysomelidae* y *Curculionidae* y en menor proporción, *Scarabaeidae*, coprófagos. Además se les ha observado comiendo excrementos de lince y otros carnívoros y no es raro encontrar sus rastros alrededor de las carroñas.

La alimentación se complementa con la ingestión de materiales duros como arena, piedras, huesos, trozos de madera o cortezas de fruto, que podrían servir como ayuda a la digestión mecánica de los alimentos vegetales y como fuente de minerales u otras sustancias nutritivas, aunque muchos de ellos también pudieran haber sido ingeridos accidentalmente.

La dieta varía estacionalmente haciéndose más diversa en primavera, coincidiendo con el periodo vegetativo de la mayor parte de las herbáceas de Doñana. En general se aprecia una optimización de la dieta mediante la selección de especies y de las partes más nutritivas de éstas, como brotes, flores y frutos. Por otra parte, los adultos tienen una alimentación más variada que los jóvenes, siendo de destacar que son las hembras las que muestran tendencias más carnívoras (ANDREU 1987).

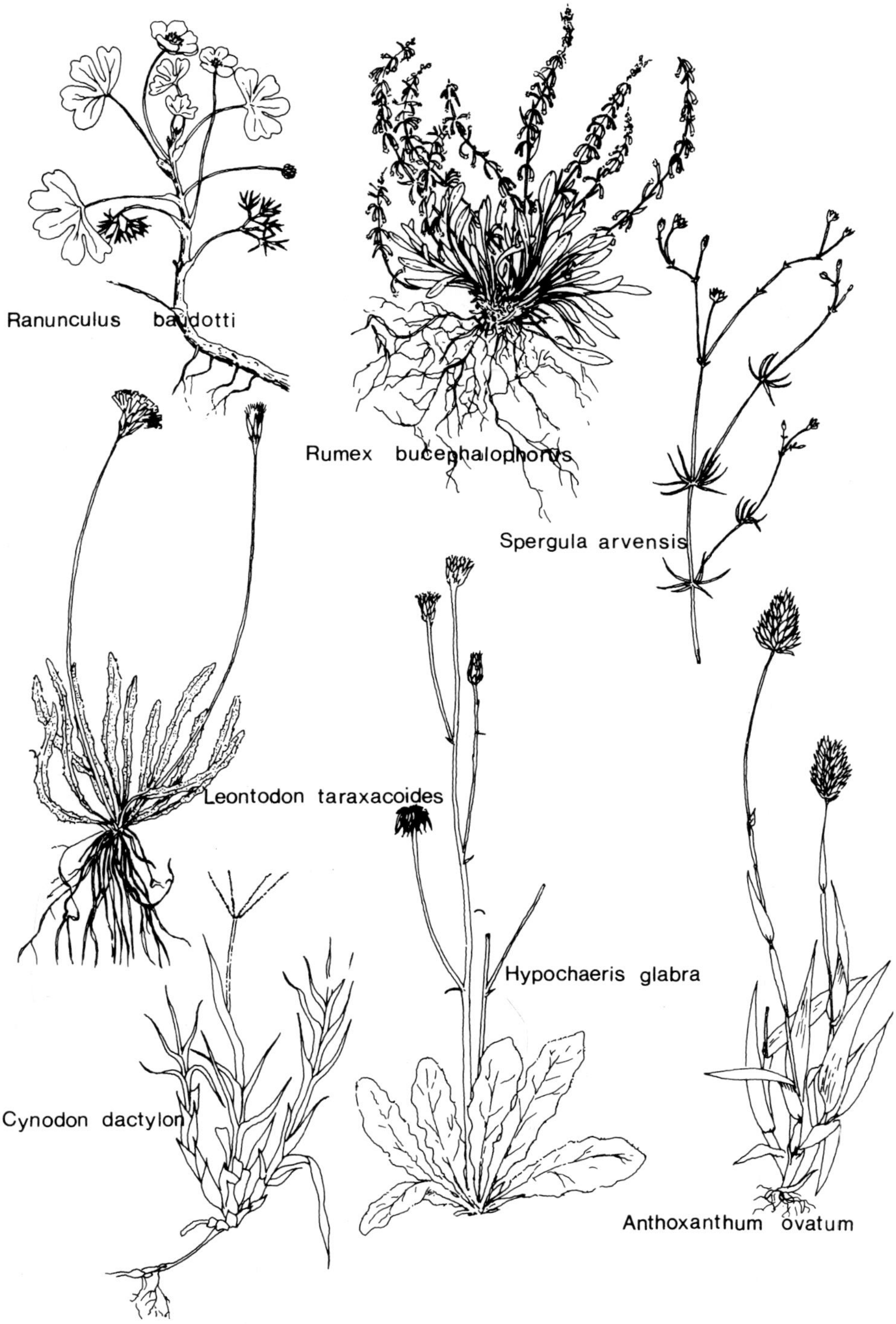

Figura 14.- Algunas de las plantas consumidas por *T. graeca* en Doñana.
Figure 14.- Some of the plants consumed by *T. graeca* in Doñana.

Reproducción

Madurez sexual.- La edad en la que un animal alcanza la madurez sexual tiene importantes repercusiones poblacionales, ya que a partir de este dato se puede calcular, junto a otros parámetros, cuál es el potencial reproductivo de la población.

Para su determinación nos basamos en la disminución del crecimiento que se produce en los individuos subadultos al madurar y que se refleja fielmente en los anillos de crecimiento de las placas del caparazón, más estrechos a partir de que los animales llegan a la etapa adulta.

Basándonos en el conteo de anillos hemos encontrado que las hembras de Doñana alcanzan la madurez sexual alrededor de los 8 años de edad, ($\bar{x}$ =8,5 ± 1,4; rango entre 6 y 14 años). Los machos, por su parte, se desarrollan antes, alcanzando la madurez sexual entre los 5 y los 9 años, $\bar{x}$ = 6,9 ± 1,0 años.

El celo.- Como ya dijimos al hablar de la actividad, el celo se produce dos veces al año, una en primavera y otra en otoño (figura 15). En inviernos benignos, las tortugas salen muy pronto de su retiro invernal comenzando inmediatamente los cortejos, que continúan hasta el mes de mayo.

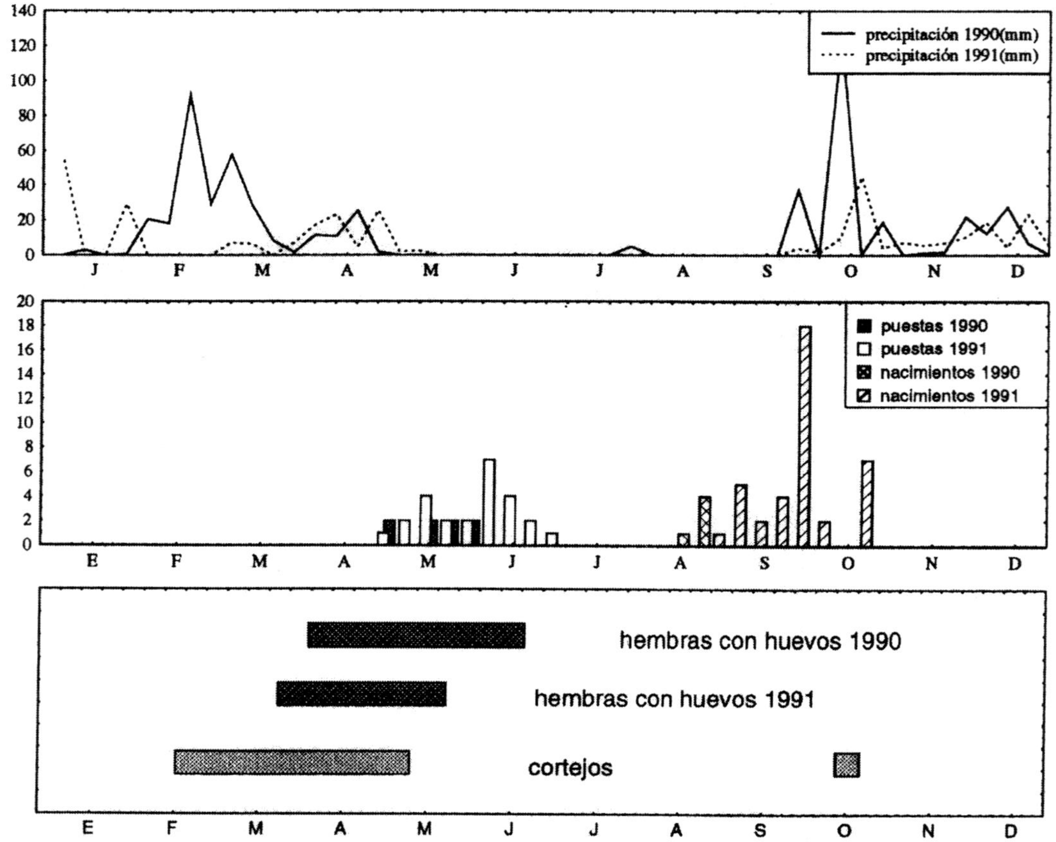

Figura 15.- Fenología de algunas características reproductivas de *T. graeca* en Doñana, acompañada de la precipitación caída en los años en que se estudió.

Figure 15.- Phenology of some reproductive characteristics of *T. graeca* in Doñana, shown against the data for rainfall in each study year.

El celo primaveral es, tanto por su duración como por el número de cortejos, el periodo principal de celo anual, siendo además el único al que sigue el desarrollo de los huevos y las puestas. Los cortejos otoñales se explican gracias a la capacidad que tienen las hembras de almacenar el esperma durante largo tiempo antes de utilizarlo (DEVINE 1984).

El cortejo suele iniciarse con un insistente golpeteo efectuado por el macho al lanzar la parte anterior de su caparazón contra el de la hembra. Esta primera fase puede alargarse durante una hora o más dependiendo sobre todo de la receptividad y movilidad de la hembra. Normalmente la hembra intenta alejarse del macho caminando, a lo que el macho responde con una persistente persecución y nuevos golpeteos. Si la hembra se para, el macho generalmente la rodea, continuando con los golpeteos y, a veces, intenta también morderle las patas, el borde del caparazón y la cabeza. En un momento determinado, vuelve diligentemente a situarse tras ella y ayudándose con las patas anteriores trepa sobre su caparazón hasta conseguir la posición adecuada para introducir la cola bajo el caparazón de la hembra y efectuar la cópula (ver detalles en LÓPEZ-JURADO *et al.* 1979).

Puestas y nacimientos.- Las hembras realizan de una a cuatro puestas anuales, siendo la media de 2,6 (DÍAZ-PANIAGUA *et al.* 1996). El periodo de puestas tiene lugar entre finales de abril y mediados de junio (figura 15). Como ya vimos, algunas hembras efectúan en esta época desplazamientos muy largos, poniendo sus huevos en zonas alejadas y volviendo después a sus áreas habituales.

Los nidos se sitúan generalmente al pie de un matorral y consisten en un agujero de entre 5 y 10 cm de profundidad excavado en la arena con las patas traseras y en el que la hembra deposita de uno a siete huevos ($\bar{x} = 3,5 \pm 0,93$; n = 133). Una vez concluida la puesta, el nido es tapado cuidadosamente con arena y la hembra borra sus huellas pasando una y otra vez por encima, con lo que terminan sus cuidados parentales ya que los huevos se incuban con el calor proporcionado por el substrato. Los huevos, que son blancos, casi esféricos y de cáscara dura, tienen diámetros medios de 33,7 y 28,3 mm, siendo su peso de alrededor de 14 g.

Puesto que para la mayoría de los reptiles, la determinación del sexo puede estar condicionada por la temperatura durante una de las fases de la incubación, la elección del lugar donde excavar el nido constituye una decisión importante (JANZEN 1994). En *T. graeca*, PIEAU (1975) demostró experimentalmente la existencia de este mecanismo de determinación del sexo al incubar series de huevos a varias temperaturas que mantuvo constantes a lo largo de todo el periodo de incubación. Este autor encontró que la temperatura determinante para esta especie se sitúa entre los 30 y los 31°C. Por encima de esta temperatura el 100% de los embriones se desarrolla como hembras y con menores temperaturas de incubación nacen prácticamente solo machos, un 97,4% a 29°C y un 100% a 26°C.

En Doñana hemos encontrado que un 82,4% de los huevos, incubados naturalmente, completan su desarrollo. Todas las eclosiones tuvieron lugar en agosto y septiembre y la incubación duró entre 78 y 114 días. Entre la eclosión del huevo y la salida al exterior de la cría suele haber un periodo de entre 1 y 23 días que los recién nacidos pasan dentro del nido, probablemente consumiendo las reservas de vitelo que aún les quedan. Las crías al nacer pesan, por término medio, 10,8 g (D.S.± 2,01, n=26) y miden de media 34,1 mm de longitud de espaldar (D.S ± 1,92, n=26) (DÍAZ-PANIAGUA *et al.* 1997).

Fecundidad.- La fecundidad media de las hembras de una población se calcula en base al tamaño medio de la puesta, al número medio de puestas por año y hembra reproductora y al porcentaje anual medio de hembras adultas que se reproducen.

La reproducción de *T. graeca* en Doñana es anual, aunque hemos encontrado un 5% de hembras que no se reproducen. Como vimos, el tamaño medio de puesta en Doñana es de 3,5 huevos y el número medio de puestas por hembra y año 2,6. Ya que anualmente la proporción de hembras que se reproducen es del 95%, la fecundidad media por hembra y año es de 8,6 huevos (DÍAZ-PANIAGUA *et al.* 1996).

Si ahora ajustamos este resultado para que refleje la fecundidad en número de huevos que darán lugar a hembras, deberemos dividir esta cifra por dos, asumiendo una razón de sexos, en el momento de la puesta, igual a la unidad. La fecundidad así calculada nos da 4,3 huevos hembra anuales por hembra reproductora. Como de estos huevos solo un 82,4% llegan a eclosionar, el número de crías hembras que nacen anualmente por hembra se estima en 3,5.

Nido de tortuga desenterrado.
Tortoise nest opened for egg measurement.

Varias etapas del cortejo y la cópula.
Several phases of courtship and mounting of tortoises in Doñana (Fotografía: Benjamín Bustos).

CAPÍTULO 5

CARACTERÍSTICAS DE LA POBLACIÓN

En este capítulo describiremos las características de las tortugas de Doñana a partir de los datos obtenidos en los últimos años de estudio, en los que, en el marco de un proyecto de seguimiento de la población de tortugas de Doñana, censamos intensivamente una zona concreta con el fin de tener un control exhaustivo de los individuos que se encontraban en ella. En estudios anteriores se ha descrito la biometría e incluso la estructura de edades de estas tortugas (BRAZA *et al.* 1981, ANDREU 1987) y a ellos nos referiremos a modo comparativo.

Los siguientes datos corresponden por tanto a los obtenidos entre 1992 y 1994, en una de las áreas con mayor densidad de tortugas de Doñana (una descripción más detallada del área y metodología empleada se da más adelante).

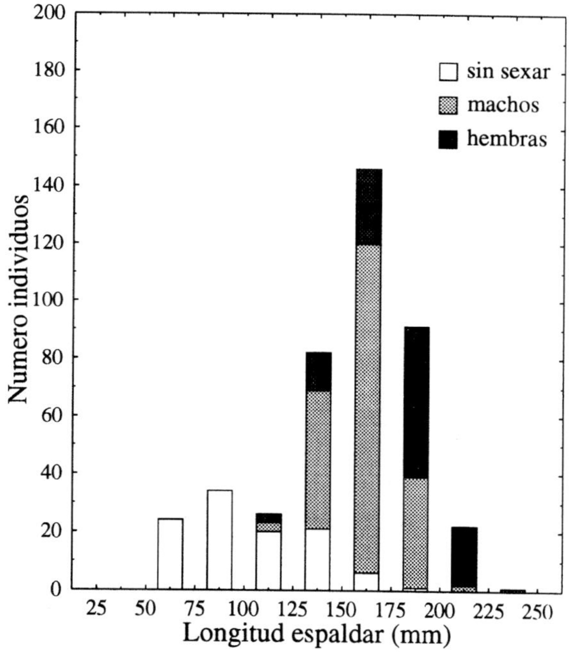

Figura 16.- Tamaños de las tortugas capturadas durante los censos del trienio 1992-94.

Figure 16.- Size distribution of tortoises captured during the study periods of 1992-94.

TAMAÑO CORPORAL

En el periodo y área de censos, la tortuga más pequeña encontrada tenía 31,6 mm y la más grande 200,6 mm, siendo el tamaño medio de los individuos capturados de 126,22 (D.S. ± 37,11; n = 426). Los datos no se ajustan a una distribución normal, pues está muy sesgada hacia la izquierda, ya que se capturaron más adultos que jóvenes. Como se observa en la figura 16, las hembras llegan a alcanzar mayores tamaños que los machos.

PESO CORPORAL

El mayor peso registrado durante los censos fueron los 1575 g de una hembra, si bien el mayor peso encontrado en Doñana corresponde a otra hembra de 1800 g. El peso medio de la población censada resultó de 540,18 g (D.S. ± 327,9) (figura 17).

EDAD

Como ya se apuntó antes, las clases de edad inferiores, las juveniles, son considerablemente más difíciles de detectar que las clases superiores. Como consecuencia, la estructura de edad obtenida a partir de nuestros datos de capturas probablemente no se ajuste a la realidad, al menos en la parte correspondiente a los individuos jóvenes.

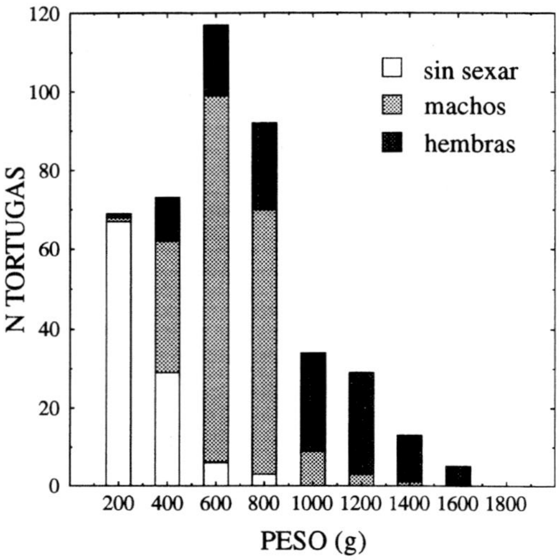

Figura 17.- Histograma de los pesos de las tortugas capturadas durante los censos del trienio 1992-94.
Figure 17.- Weight distribution of tortoises captured during the study periods of 1992-94.

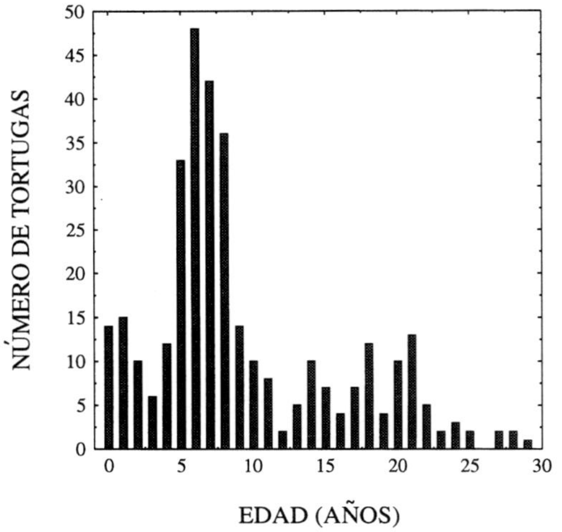

Figura 18.- Distribución de edades de las tortugas que habitaban el área de estudio durante 1992. Datos optimizados con las capturas de 1993 y 94.
Figure 18.- Age distribution of tortoises known to be inhabiting the study area in 1992 (optimized with data from 1993 and 1994).

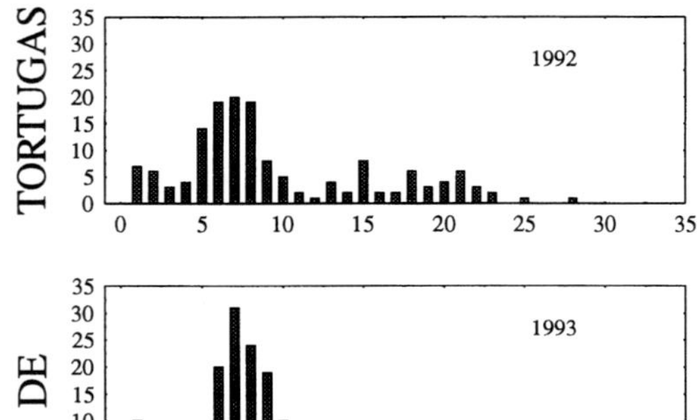

Figura 19.- Distribución de edades de las tortugas capturadas en cada año de estudio.
Figure 19.- Age distribution of tortoises captured in each study year

La figura 18 refleja la distribución de las edades de los individuos en 1992, optimizada al añadir a los datos obtenidos en ese año, los de otras tortugas capturadas en los años siguientes de censos en el mismo área. La edad media resultante fue de 9,29 $\pm$ 6,47 años. En esta figura se observa un número bajo de efectivos en las clases juveniles y un fuerte incremento a partir de los cinco años.

Comparando las distribuciones encontradas en cada uno de los años de censos (figura 19), llama la atención el gran número de individuos encontrados con edades comprendidas entre cinco y ocho años en 1992, pico que se va desplazando en los años sucesivos. Este desplazamiento parece reflejar la existencia de un mayor número de efectivos en esas clases con respecto a las demás. Los picos detectados corresponden a individuos que nacieron entre el otoño de 1984 y el de 1987, años en que debió producirse un incremento de natalidad, combinado con una tasa de supervivencia de las clases juveniles más alta de lo habitual en el área.

En cuanto a la longevidad, la hembra viva más

Tabla 2: Descripción del tamaño de las tortugas censadas por clases de edad. Se da la media ($\bar{x}$) de la longitud del espaldar (LE), la desviación típica (D.T.), el tamaño mínimo y el máximo, así como el número de animales en cada clase (N).

Table 2: Size of censused tortoises in each age class. LE = average straight carapace length (in mm); D.T. = one standard deviation, followed by the minimum and maximum values. N = number of individuals measured per age class.

Edad (años)	LE (mm) $\bar{x}$	D. T.	Mínimo	Máximo	N
1	41,8	6,7	34,7	59,0	19
2	57,2	8,6	40,1	70,5	13
3	67,9	10,6	93,1	133,4	29
4	92,3	14,1	74,0	120,8	8
5	101,9	8,4	79,2	115,9	17
6	116,6	10,6	93,1	133,4	29
7	126,3	14,4	94,9	170,7	38
8	135,2	11,3	113,0	161,6	37
9	143,2	13,9	124,6	177,2	28
10	149,1	15,5	125,7	182,0	14
11	139,3	8,2	124,0	145,6	6
12	146,1	16,9	126,7	166,8	6
13	150,2	10,7	137,3	166,5	5
14	143,4	13,4	133,9	152,9	2
15	158,4	16,2	137,7	187,4	13
16	149,1	18,0	125,9	173,2	5
17	153,1				-
18	162,2	16,5	143,5	194,0	9
19	164,1	13,3	147,4	180,2	5
20	162,6	21,2	134,0	186,4	5
21	164,0	17,9	142,4	195,6	11
22	169,7	22,1	133,5	199,1	6
23	167,5	4,95	161,9	173,9	4
24	144,1				1
25	158,9		149,4	168,4	2
26	161,2				1
27	151,0				1
28	132,0				1
29	138,7				1

vieja que hemos encontrado tenía 25 años y el macho más viejo 29. Sin embargo, la longevidad máxima en la población se ha detectado al analizar los restos de individuos muertos, apareciendo machos de hasta 43 años y hembras de hasta 42.

RELACIÓN TAMAÑO/EDAD

La relación entre el tamaño y la edad de los individuos nos informa sobre la curva de crecimiento que caracteriza a la población (ver figura 20 y tabla 2).

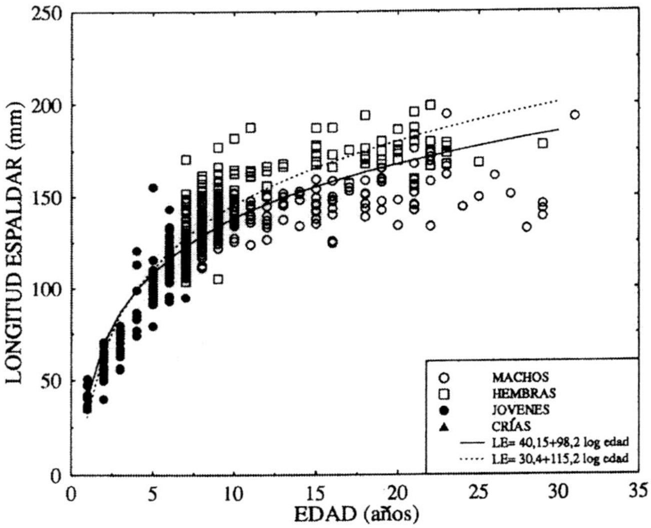

Figura 20.- Relación entre la edad y el tamaño en las tortugas de Doñana.

Figure 20.- Relationship between age and body size of tortoises in Doñana.

Uno de los rasgos que se aprecian a primera vista al contemplar la figura es que, en los machos, la disminución de la tasa de crecimiento anual se produce antes que en las hembras, lo que se corresponde con un alcance más temprano de la madurez sexual.

A partir de los cinco años se da una amplia variación de los tamaños para cada clase de edad. Aunque los datos se ajustan a la curva de regresión aceptablemente, existe bastante solapamiento entre los tamaños de las distintas clases de edad. En consecuencia, consideramos que el tamaño no se debe usar como un indicador fiable de la edad, aunque esta relación se haya utilizado en estudios anteriores (ver BRAZA *et al.* 1981).

CAPÍTULO 6

ANÁLISIS DEMOGRÁFICO

Desde 1973 se vienen marcando tortugas en Doñana. BRAZA *et al.* (1981) fueron los primeros en hacer una estima de abundancia, calculando 509 individuos para un área de 300 Ha. Posteriormente, ANDREU (1987), que realizó su estudio entre los años 1980-85, avanzó una estima de entre 5000 y 6000 individuos para la población global del Parque.

En este capítulo explicaremos cómo obtuvimos una estima del número de tortugas en un área concreta del Parque, a partir de los datos recogidos durante las primaveras de 1992, 1993 y 1994. En estos años se llevó a cabo un programa intensivo de captura-marcado-recaptura, que también nos permitió calcular la densidad y aproximar el número de individuos en el Parque.

Se eligió un área localizada en el ecotono entre marismas y arenas estabilizadas, en la "Vera", inmediatamente al sur del Palacio de Doñana y del área utilizada por ANDREU (1987). Como área de censos se consideró una superficie de dos Km de longitud y una anchura aproximada de 100 m, atravesada longitudinalmente por un camino, con vegetación característica de helechales, matorral de monte blanco y algunos ejemplares viejos de alcornoques.

En esta zona se realizaron un total de 17 "censos de capturas" en la época de mayor actividad que corresponde al periodo comprendido entre la última semana de febrero y la primera del mes de abril.

DESCRIPCIÓN DE LOS CENSOS

Inicialmente los censos se realizaban con ocho personas, cinco de las cuales eran "avistadores", mientras que las tres restantes eran además "marcadores", teniendo a su cargo la tarea de marcar las tortugas con un código numérico individual y tomarles diversas medidas y datos (sexo, longitud del caparazón, longitud del peto, peso, edad, estado físico y su localización en el terreno).

Los cinco avistadores se situaban en línea, en uno de los extremos del área, bien en el lado sur bien en el norte, manteniendo una distancia entre sí de unos 20 m y cubriendo entre todos por tanto una anchura de transecto de aproximadamente 100 m. Cada vez que localizaban una tortuga, la introducían en una bolsa de tela, dejándola junto a una señal evidente para que pudiera ser encontrada por uno de los "marcadores", y continuaban inmediatamente su recorrido. Los censos se realizaban a las horas de mayor actividad por lo que su inicio varió a lo largo del periodo de estudio. La duración de cada censo solía ser de unas dos a dos horas y media.

Los marcadores se situaban siempre por detrás de los avistadores, cubriendo su misma área y, además de realizar la toma de datos y marcado, contribuían también a la búsqueda de tortugas.

Durante los dos primeros años los censos se realizaron en dos días consecutivos, uno en el que se recorría el área en sentido norte-sur y el siguiente en que se hacía en sentido contrario (los datos de ambos días se consideraron como un solo censo). Durante el año 1994, puesto que el porcentaje de recapturas era ya muy elevado, los censos se redujeron a un sólo día, sin tener en cuenta el sentido en que se hacían, y algunos se realizaron con un número menor de avistadores.

Las estimas numéricas se obtuvieron mediante el método de Jolly-Seber. Este método fue desarrollado simultáneamente por ambos autores (JOLLY 1965, SEBER 1965) y se aplica en poblaciones abiertas, que son aquellas en las que se contempla la incorporación de individuos nuevos, bien por nacimiento o por inmigración, así como la desaparición de otros por muerte o emigración, y en las que hay varias ocasiones de capturas y recapturas (ver cuadro 3). En este

Cuadro 3. Método Jolly-Seber

El método de Jolly-Seber se aplica para estimar el tamaño de poblaciones abiertas, que son aquéllas que durante el periodo de estudio sufren incrementos (por nacimientos o inmigraciones) o decrecimientos numéricos (por muertes o emigración) . El modelo y la forma de aplicación se describen con detalle en distintas publicaciones (por ejemplo: BEGON 1979, TELLERÍA 1986, POLLOCK *et al.* 1990).

El modelo necesita las siguientes condiciones para poder aplicarse:

1. Todos los animales de la población tienen, en cada ocasión, igual probabilidad de captura.
2. Todos los animales tienen igual probabilidad de supervivencia entre una ocasión de muestreo (i) y la siguiente (i+1).
3. Las marcas se mantienen durante todo el periodo de estudio.
4. Todos los muestreos son instantáneos liberándose los animales inmediatamente después.

Las ecuaciones utilizadas en el cálculo de las estimas, se describen a continuación:

$$M_i = m_i+(((R_i+1)z_i)/(r_i+1))$$

$$N_i = ((n_i+1)M_i)/(m_i+1)$$

$$p_i = m_i/M_i$$

Siendo,

M_i = Número de individuos marcados en la población en la ocasión de muestreo i.
N_i = Número total de individuos en la población en la ocasión i.
p_i = Probabilidad de captura para todos los animales en la ocasión i.
m_i = Número de animales marcados capturados en la ocasión i.
n_i = Número total de animales capturados en la ocasión i.
R_i = número de animales liberados en la ocasión i.
r_i = Número de animales liberados que son capturados posteriormente.
z_i = Número de animales capturados antes de la ocasión i, no capturados en i, pero si posteriormente.

Se recomienda que m_i y r_i alcancen valores superiores a 10.

Tabla 3: Número de capturas de tortugas realizadas en cada uno de los años de estudio.
Table 3: Number of tortoise captures during censuses in each study year.

	Machos	Hembras	Jóvenes + crías	TOTAL
1992	92	62	40	194
1993	156	47	50	253
1994	83	42	31	156
TOTAL	204	123	107	434

caso se utilizó el programa JOLLY, cuya descripción en detalle se puede encontrar en POLLOCK *et al.* (1990).

En nuestra población los jóvenes no tienen la misma probabilidad de captura y supervivencia que los adultos. En la práctica, el número de capturas y recapturas de juveniles resultó extremadamente escaso. Para solucionar este problema, se estimaron por separado machos, hembras, jóvenes y crías menores de un año.

HISTORIAL Y DESCRIPCIÓN DE LAS CAPTURAS

El número máximo de tortugas capturadas por censo se obtuvo en todos los años en el mes de marzo, puesto que la mayor probabilidad de capturas se da en los primeros días del periodo de actividad de la especie.

La figura 21 describe la proporción de individuos marcados y no marcados que capturamos cada año. En el último año la proporción de recapturas llega a ser mayor del 50%, lo cual indica un alto control de la población.

El número de capturas en los tres años de estudio se detalla en la tabla 3. En ella se muestra también la mayor proporción de adultos, en relación con los juveniles, detectados durante este periodo (83,5% de adultos).

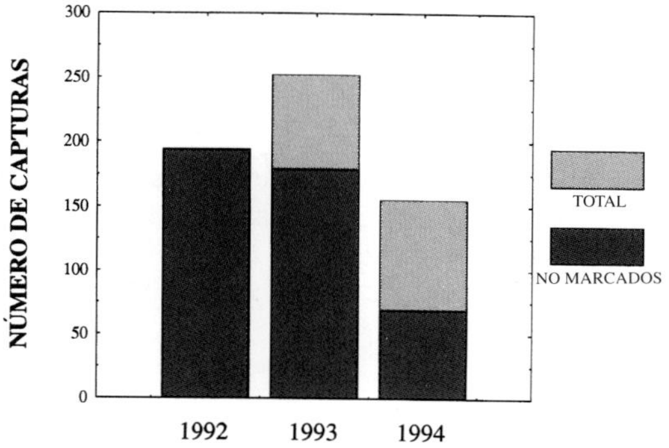

Figura 21.- Número de tortugas capturadas en los tres años de censos. Se han diferenciado los individuos marcados de los no marcados.
Figure 21.- Number of marked and unmarked tortoises captured during the three study years.

PROPORCIÓN DE SEXOS

Es de destacar que en todos los años, se ha observado una mayor proporción de machos que de hembras (♂:♀ = 1,7) sesgo que es significativamente diferente de la paridad, $\chi^2 = 20,06$; $p<0,0001$ (tabla 4). Sin embargo, como veremos más adelante, el análisis de los individuos muertos dio una razón de sexos paritaria. Por ello, consideramos que en los censos de individuos vivos se ha podido sobreestimar el número de machos debido a que se realizaron en la época en que se inicia la actividad primaveral, periodo en el que éstos tienen mayor actividad y movilidad que las hembras (DÍAZ-PANIAGUA *et al.* 1995). Asimismo la proporción de machos se encuentra también favorecida por el hecho de que alcancen la madurez con menor edad que las hembras.

ANDREU (1987) encontró también, durante los años 1973 a 1985, un sesgo similar en favor de los machos en censos de individuos vivos: 1,6 machos por hembra; $\chi^2 = 47,91$; $p < 0,005$. Los cálculos se hicieron sobre el número mínimo de hembras adultas (con 10 ó más años de edad)

Tabla 4: Proporción de individuos de distinto sexo (♂:♀) capturados durante el periodo de estudio. Se indican también los resultados de la prueba de χ^2 y su significación.
Table 4: Sex ratio (males:females) of tortoises censused in each study year. The value and significance level of a χ^2 test for each year are indicated.

Periodo	Proporción sexos (♂:♀)	χ^2	p
1992	1,48	5,84	0,015
1993	3,32	58,53	<0,0001
1994	1,98	13,45	0,0002
T O T A L	1,66	20,06	<0,0001

Tabla 5: Razón de sexos en *T. graeca* entre 1973 y 1985 y probabilidad de significación asociada (p). NS = no significativo (ANDREU, 1987).
Table 5: Yearly sex ratio of *T. graeca* for the period 1973-1985 and associated significance level of the χ^2 test. NS = non significant. Data from Andreu (1987).

Año	♂/♀	p	Año	♂/♀	p
1973	1,58	<0,05	1980	1,67	<0,05
1974	1,82	<0,005	1981	1,53	NS
1975	1,79	<0,005	1982	1,34	NS
1976	1,62	<0,005	1983	1,14	NS
1977	1,73	<0,05	1984	1,50	NS
1978	1,87	<0,05	1985	1,25	NS
1979	1,90	<0,05			

y machos adultos (de ocho o más años), vivos y presentes en cada uno de los años del citado periodo. Como se muestra en la tabla 5, la razón de sexos resultó ser significativamente distinta de la paridad en cada uno de los años del periodo 1973-1980, no alcanzando la significación en los años posteriores. De nuevo en este estudio no coincidieron las razones de sexo obtenidas a partir de los datos de mortalidad y de animales vivos.

ESTIMAS POBLACIONALES

El número total de individuos diferentes encontrados en el área fue 434 capturados en un total de 747 ocasiones. Sin embargo, considerando que en la época de censos los machos tienen una gran movilidad (DÍAZ-PANIAGUA *et al.* 1995), cabe pensar que algunos de estos individuos no pertenecieran al área de censos y que fueran simplemente transeúntes, por lo que asumimos que la muestra poblacional estudiada es abierta y que en ella, además de muertes y nacimientos, se producen emigraciones e inmigraciones.

Como dijimos, consideramos 4 categorías de individuos: machos, hembras, jóvenes y crías menores de 1 año, puesto que tienen diferentes probabilidades de captura. La categoría "joven" englobó a aquellas tortugas, mayores de 1 año de edad, que no hubieran desarrollado caracteres sexuales secundarios. ANDREU (1987) realizó una estima de las diferencias de detección de las distintas clases de edad y encontró que las crías del año tenían una probabilidad de ser detectadas menor que la de los adultos (cuadro 4).

Machos adultos.- Realizamos un total de 359 capturas de 204 individuos, de los que 116 se capturaron una sola vez (figura 22). El máximo número de recapturas de un mismo macho, a lo

Cuadro 4. Probabilidad de detección de juveniles

La probabilidad de captura de los jóvenes menores de un año con respecto a los adultos se calculó en el interior de un cercado de reproducción donde se conocía el número de animales adultos, hembras y machos reproductores, y el número de crías presentes durante 1984 (ANDREU 1987).

En el cercado, se comprobó que la probabilidad de detección era mayor en adultos que en los jóvenes menores de un año, siendo la diferencia significativa (Prueba Wilcoxon, z = 1,97; p = 0,048).

Tortugas presentes en el cercado de reproducción y resultados de los muestreos realizados en el mismo durante 1984.

	Adultos		**Jóvenes < de 1 año**	
	Presentes	**Observados**	**Presentes**	**Observados**
12.V	8	3	5	0
23.V	8	3	5	0
26.V	8	3	5	0
3.VI	8	3	7	1
4.VI	8	2	7	0
9.VI	8	2	7	1
12.VI	11	3	7	0
16.VI	11	1	7	1
17.VI	10	4	7	1
19.VI	10	5	7	0
22.VI	10	0	7	2
24.VI	10	5	7	0
30.VI	10	5	7	0
6.X	9	4	13	4
21.X	9	5	13	2
28.X	9	5	13	6
5.XI	9	0	19	3
10.XI	9	0	19	10
14.XI	9	0	19	6

largo de los tres años, fue seis.

El número de machos estimado mediante el método de Jolly-Seber para cada año osciló entre 123 y 206 individuos, siendo la media del periodo completo 198,9 (tabla 6).

Hembras adultas.- Capturamos 123 hembras en 223 ocasiones; 69 individuos sólo se encontraron una vez y el máximo número de capturas por hembra fue seis (figura 22).

Tabla 6: Estimas anuales de machos y hembras adultos en el área de estudio. N = número estimado. E.T. = error típico.
Table 6: Estimates of the number of adult tortoises (N) present in the study area in each study year. E.T. = standard error; intervalo de confianza 95% = 95% confidence interval.

		N	E.T.	Intervalo de confianza 95%
HEMBRAS	1992	135,4	22,6	38-233
	1993	123,6	20,2	74-173
	1994	58,0	10,9	23-93
	TOTAL	120,5	22,2	77-164
MACHOS	1992	205,7	37,5	102-310
	1993	189,1	22,4	132-246
	1994	122,5	19,3	61-184
	TOTAL	198,9	31,9	136-261

El número estimado de tortugas hembras varió entre 135,4 individuos en 1992 y 58 en 1994, siendo la media para todo el periodo de 120 individuos (tabla 6). Ver también cuadro 5.

El escaso número de capturas y recapturas de **jóvenes y crías** no resultó apropiado para el cálculo fiable de sus efectivos por el método de Jolly-Seber.

DENSIDAD

La densidad es un concepto que relaciona los efectivos numéricos con la unidad de superficie. Sin embargo, al realizar los cálculos de densidad hay que tener en cuenta que una parte de los ejemplares tienen su área de campeo habitual totalmente dentro de la superficie a considerar mientras que otros sólo incluyen una parte. Para que este hecho no suponga una fuente de error a la hora de estimar densidades, WHITE *et al.* (1982) recomiendan hacer una corrección, que consiste en sumar una franja, alrededor del área de estudio, de una anchura igual a la mitad del diámetro del área de campeo media. ANDREU (1987) calculó que el tamaño medio del área de campeo de los adultos de esta población era de tres Ha, por lo que al calcular la densidad utilizó como incremento de su área de estudio una franja de 150 m.

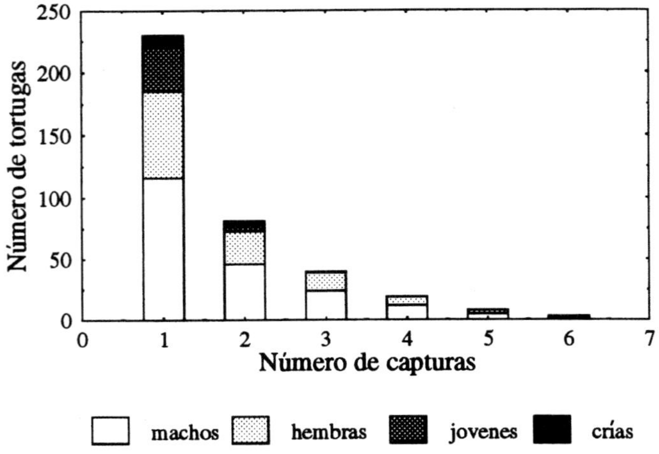

Figura 22.- Frecuencia de captura de las tortugas censadas.
Figure 22.- Capture frequency of tortoises in the study area.

Puesto que en muchos casos los censadores se salían involuntariamente del área delimitada, la superficie que consideramos para el cálculo de la densidad fue la del polígono donde se localizaron el 95% de los individuos capturados (figura 23), y que cubría 76 Ha. El área

Cuadro 5. Estimas numéricas de la población entre 1973-1985

Entre 1973 y 1985 se llevó a cabo un programa de marcaje de tortugas en un área de 50,8 Ha situada en la Vera de la Reserva Biológica de Doñana, aproximadamente un Km al norte de la zona estudiada en el período 1992-1994. Hasta 1980, el muestreo fue ocasional, mientras que del 80 al 85, se realizaron muestreos sistemáticos, por una sola persona, a lo largo de todo el ciclo anual. Los datos se agruparon por años para su análisis, resultando las siguientes estimas de los efectivos numéricos del área (ANDREU 1987).

	Machos		**Hembras**	
Años	**N mínimo**	**N estimado**	**N mínimo**	**N estimado**
1973	65	-	41	-
1974	82	125,6	45	75,3
1975	86	140,7	48	63,4
1976	91	91,5*	56	104,6
1977	99	168,2	57	121,7
1978	106	122,9*	57	111,4
1979	105	118,9*	58	63,6*
1980	99	125,8*	59	70,5*
1981	89	141,4	58	86,1
1982	85	112,7*	63	100,4*
1983	57	115,4	50	72,7
1984	45	89,6	30	59,2
1985	20	-	16	-

N mínimo representa el total de individuos diferentes capturados cada año, más todos aquellos que se capturaron en el área al menos en una ocasión anterior y otra posterior; el estimado se calculó en base al método de Jolly-Seber. El * indica estimas con límites de confianza pequeños.

incrementada con la franja de 150 m alcanzó 161,25 Ha. En la tabla 7 se muestran las densidades calculadas en la superficie cubierta en los censos (d), y la corregida para la superficie ampliada con la franja añadida (dc). Ambas estimas posibilitan las comparaciones con situaciones anteriores (ver cuadro 6) y posteriores de la población, siempre que se tenga en cuenta que no incluían la fracción juvenil y que por tanto eran subestimas de la densidad real.

Las densidades obtenidas entre 1992-1994 variaron entre 2,4 y 4,5 tortugas/Ha (dc entre 1,1 y 2,1 tortugas/Ha), siendo las mayores densidades las obtenidas para 1992. Los cálculos del último año los consideramos subestimas por el menor número muestral obtenido.

Considerando las estimas obtenidas para el periodo total de tres años, la densidad obtenida sería 4,20 tortugas/Ha y corregida al área incrementada, de 1,97 tortugas/Ha. Esta densidad es baja y en este sentido similar a las encontradas por ANDREU (1987) para el mismo área (cuadro 6), y la que encuentra MASCORT (en prensa) para la otra tortuga silvestre ibérica, *Testudo hermanni* de la sierra de l'Albera, Gerona (2,38 tortugas/Ha); y baja si se compara con las densidades obtenidas para esta tortuga en otros puntos de Europa: 44 tortugas/Ha en el norte de

Tabla 7: Densidades estimadas para la superficie real censada (d) y considerando un incremento de la superficie de una franja de 150 m por cada lado (dc).
Tabla 7: Tortoise density estimates for the actually censused surface (d) and considering an increment of a 150 m-wide strip on each side of the censused area (dc).

Año	Machos (d)	Machos (dc)	Hembras (d)	Hembras (dc)	Total Adultos (d)	Total Adultos (dc)
1992	2,71	1,28	1,78	0,84	4,49	2,11
1993	2,49	1,17	1,63	0,77	4,11	1,94
1994	1,61	0,76	0,76	0,36	2,38	1,12
TOTAL	1,58	0,75	2,61	1,23	4,20	1,97

Cuadro 6. Densidad de tortugas en la Vera (1974-84)

La densidad de tortugas en una zona de la Vera fue hallada por ANDREU (1987), a partir de las estimas anuales de efectivos numéricos calculada mediante la combinación de dos métodos, el de Jolly-Seber y el del calendario de capturas. La superficie considerada abarcaba 50,8 Ha, y la corregida mediante la adición de una franja externa de 150 m de ancho, se extendía a 87 Ha. El número de individuos se calculó a partir de la suma de 1) el número de machos y de hembras estimados para cada año por el método de Jolly-Seber, 2) más la estima de subadultos, cuando fue posible encontrarla por este método, o su número mínimo en los demás casos, y 3) en los juveniles, los números mínimos. La densidad calculada para 1977, de 4 tortugas por Ha, se consideró la más cercana a la realidad (densidad corregida 2,4 tortugas/Ha).

Con el fin de poder comparar los resultados de este estudio con los obtenidos posteriormente, en la tabla siguiente se dan las densidades de individuos adultos que se estimaron entonces para la superficie real censada (d) y para la incrementada (dc).

Año	Machos (d)	Machos (dc)	Hembras (d)	Hembras (dc)	Total Adultos (d)	Total Adultos (dc)
1974	2,47	1,44	1,48	0,87	3,95	2,31
1975	2,77	1,62	1,25	0,73	4,02	2,35
1976	1,80	1,05	2,06	1,2	3,86	2,25
1977	3,31	1,93	2,40	1,4	5,71	3,33
1978	2,42	1,41	2,19	1,28	4,61	2,69
1979	2,34	1,37	1,25	0,73	3,59	2,10
1980	2,48	1,45	1,39	0,81	3,86	2,26
1981	2,78	1,63	1,69	0,99	4,49	2,61
1982	2,22	1,30	1,98	1,15	4,19	2,45
1983	2,27	1,33	1,43	0,83	3,7	2,16
1984	1,76	1,03	1,17	0,69	2,93	1,71

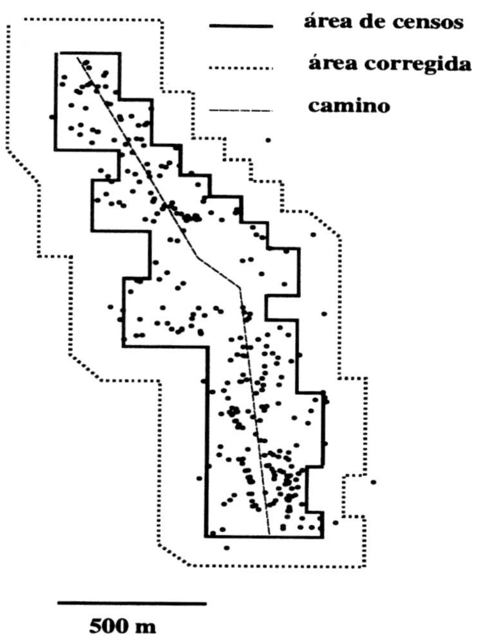

Figura 23.- Mapa de las localizaciones de las tortugas censadas en el área de estudio. Se ha dibujado el polígono considerado para el cálculo de la superficie censada y el área incrementada con una franja de 150 m (cada punto representa la localización de un individuo).

Figure 23.- Map of locations of censused tortoises in the study area, used to draw the polygon that has been employed in the calculation of the census surface plus a border increment of 150m (each point represents the location of one individual).

Grecia (STUBBS *et al.* 1985) y 11 individuos/Ha en el macizo de Maures, Francia (STUBBS & SWINGLAND 1985).

MORTALIDAD

A lo largo del estudio se recogieron todos los restos de tortugas muertas encontradas en el área de censos, con el fin de conocer la edad y tamaño con que mueren las tortugas de esta población. También se analizaron los restos encontrados en el mismo área desde 1989. DUNHAM *et al.* (1988) comentan la utilidad de este método para el cálculo de los estadísticos relacionados con la mortalidad en quelonios, tanto por la prolongada permanencia de los caparazones en el campo, como por la facilidad de lectura de los anillos anuales de crecimiento en la mayoría de las especies. En el caso de *Testudo graeca*, el método resulta adecuado al poder estimarse la edad y permanecer los caparazones completos durante periodos que pueden superar el año.

En total se encontraron 214 caparazones, de los cuales 95 correspondían a machos, 95 a hembras, 13 a juveniles y 11 a individuos adultos en los que no se pudo determinar el sexo. Nueve restos correspondían a individuos que habían sido censados y que representan un 2,8% de la población de adultos marcados en estos años.

Como ocurría en los censos de individuos vivos, también en el caso de los muertos apenas encontramos restos de juveniles y de crías. En ambos casos es muy posible que no queden restos cuando son víctimas de predación y si quedan, su pequeño tamaño debe aumentar la velocidad con que se desintegren y desaparezcan.

La edad media, en el momento de morir, de los restos de tortugas encontrados, se estimó en 19,7 años (n=176), edad que es probable que esté desviada de la realidad debido a la menor detectabilidad de los restos de individuos juveniles. En machos, la edad media de muerte se calculó en 20,2 años (n=82) y en 22 para las hembras (n=83). La edad máxima estimada en un caparazón correspondió al de una hembra a la que se atribuyó un mínimo de 43 años de edad.

Considerando sólo los caparazones recogidos durante el periodo de censos, 1992-1994, se contabilizaron un total de 65 individuos: 23 machos, 34 hembras y 8 juveniles. En la figura 24 se representa la distribución de las edades de las tortugas muertas.

La distribución de los tamaños corporales de los animales muertos se muestra en la figura 25, situándose la media en 147,5 mm (machos: 141,4 mm y hembras 164,0 mm), y superando el 50% de los individuos muertos los 157,2 mm.

La proporción de sexos entre los individuos muertos no resultó estadísticamente diferente de la paridad (1:1) ($\chi^2 = 0,007$; p = 0,93), no siendo tampoco diferentes las distribuciones de las

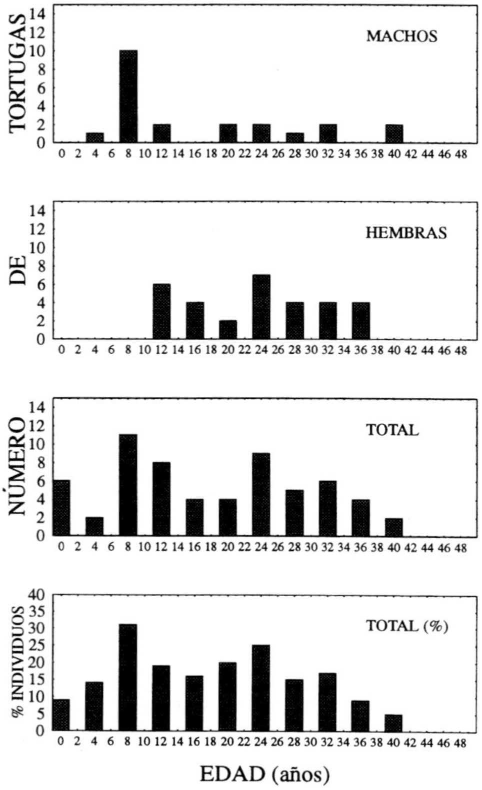

Figura 24.- Distribución de las edades de muerte de las tortugas de Doñana. Datos obtenidos del estudio de los restos encontrados en el campo entre 1992 y 1994. Se han agrupado los datos en clases de 4 años.
Figure 24.- Frequency distribution of the age at death of tortoises in Doñana. Data were obtained from the analysis of the remains of tortoise shells found in the field from 1992-94. Data have been grouped in 4-year classes.

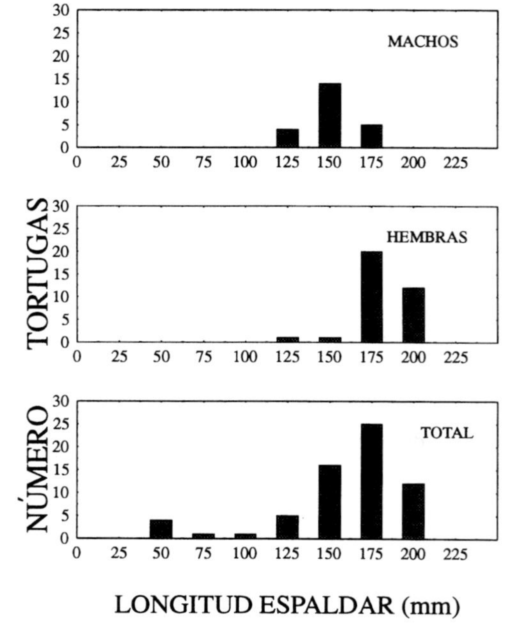

Figura 25.- Distribución de los tamaños con los que mueren las tortugas de Doñana. Datos obtenidos del estudio de los restos encontrados en el campo.
Figure 25.- Frequency distribution of the size at death of tortoises in Doñana. Data were obtained from the analysis of tortoise shells found in the field.

clases de edades de cada sexo ($\chi^2 = 35{,}619$; g.l. = 32; p = 0,301).

La estructura de edades obtenida para los individuos encontrados muertos permitió realizar cálculos sobre la estima de la supervivencia general de los adultos, que era la clase mejor representada. Sobre las frecuencias acumuladas de los individuos de cada clase de edad la supervivencia se calculó como la pendiente del logaritmo de la regresión de la curva, siguiendo la metodología descrita por FRAZER *et al.* (1990). La supervivencia estimada a partir de los individuos adultos encontrados muertos resultó ser del 94%. En el cuadro 7 se aportan datos de años anteriores.

En cuanto a las causas de mortalidad, en los juveniles de menos de ocho meses de edad se encontró una elevada mortalidad en los primeros días tras el nacimiento, la cual probablemente obedecía a causas naturales atribuibles a fallos en el desarrollo, ya que se dio en animales nacidos de puestas donde no habían eclosionado todos los huevos. Otras causas de mortalidad observadas fueron predación, atropellos e incluso una cría murió tras ser pisada por un ungulado (KELLER *et al.* 1998).

Tanto la depredación como el atropello deben ser causas esporádicas de mortalidad en adultos. También hemos detectado la presencia de una enfermedad respiratoria sin identificar, que presentaba los mismos síntomas que la rinitis que se da en cautividad. En los años 1990 y 1991,

Cuadro 7. Mortalidad entre 1980-1985 (ANDREU 1987)

Entre 1980 y 1985 se recogieron todos los restos (70) de animales muertos que se encontraron por todo el Parque Nacional. Pertenecían a 21 jóvenes y 49 adultos: 23 eran machos y 24 hembras. Sólo en dos casos no se pudo identificar el sexo. Dentro del área de estudio las proporciones encontradas fueron similares: 13 restos de jóvenes, 10 de machos y 13 de hembras.

La edad de los animales en el momento de morir se pudo calcular en 60 individuos: 21 jóvenes, 19 machos y 20 hembras, obteniéndose la curva de supervivencia de la figura a. En 49 animales: 14 jóvenes, 17 machos y 18 hembras, fue posible medir la longitud del espaldar (figura b).

Los jóvenes menores de un año (< 40 mm de longitud) son los que sufren una mortalidad más alta, 21,6 % del total. Un 45 % de las hembras adultas mueren entre los 18 y 22 años de edad, con tamaños comprendidos entre los 160 y 170 mm. Entre los machos maduros un 10 % mueren al comienzo de su vida adulta (9 y 10 años) y un 42,1 % más entre los 14 y 19 años. El pico de mortalidad en cuanto a tamaños se sitúa, en este sexo, entre los 130-150 mm de longitud de espaldar.

Los datos indican que la supervivencia media anual es similar en los machos (0,96), que en las hembras (0,95), ambas mayores que las calculadas por el método de Jolly-Seber (0,86 para machos y 0,89 para hembras). La media de ambas estimas nos da una supervivencia para machos del 0,91 y del 0,92 para hembras. La estima de supervivencia en los subadultos es mucho más alta según los datos de mortalidad (0,97) que la calculada por dicho método (0,51), siendo la media de ambas estimas $\bar{x} = 0{,}74$.

La supervivencia media para los jóvenes hasta los cinco años baja a 0,93, debido a la supervivencia de los recién nacidos que es de 0,78. Estas tasas son poco reales ya que el pequeño tamaño de los animales hace que sus restos puedan ser destrozados o dispersados fuera del área por los predadores o bien pasar inadvertidos. Por lo tanto, la supervivencia real de estas clases de edad debe ser considerablemente más baja en la realidad ya que la mayor parte de los recién nacidos deben perecer durante el primer año de vida y la mortalidad debe continuar siendo alta hasta que se alcanza un tamaño que permita escapar de la predación.

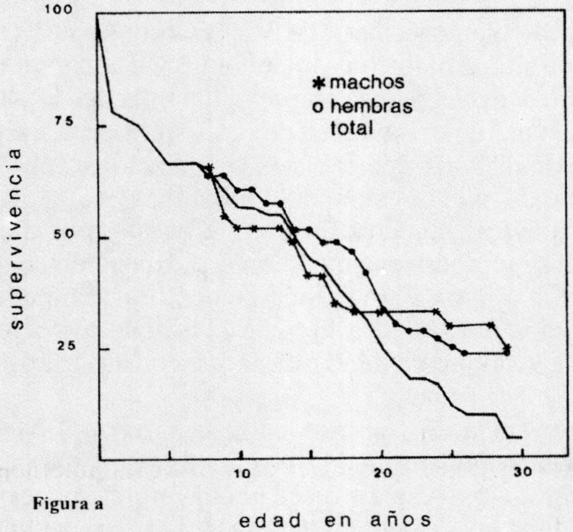

Figura a

Figura a.- Curva de mortalidad obtenida de los restos de tortugas muertas encontradas en el campo (ANDREU, 1987).
Figure a.- Mortality curve obtained from data on dead tortoises found in the study area (ANDREU, 1987).

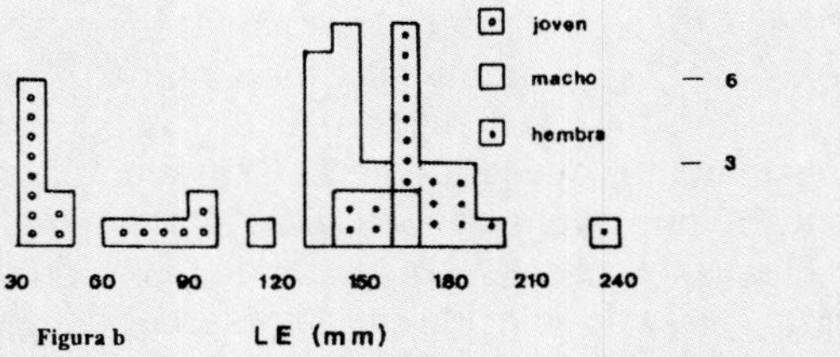

Figura b

Figura b.- Tamaños de las tortugas muertas (ANDREU, 1987).
Figure b.- Size of dead tortoises (ANDREU, 1987).

encontramos un número considerable de animales afectados por esta enfermedad y al menos en una parte de ellos confirmamos que terminaron muriendo.

APLICACIONES DEMOGRÁFICAS

Una aplicación demográfica que permite evaluar el estado de una población es la **tabla de vida**, que relaciona los datos de supervivencia y fecundidad para cada clase de edad. A partir de estas tasas se puede estimar la probabilidad de mantenimiento o de extinción de la población. Entre los parámetros que se pueden calcular a partir de una tabla de vida destacan el **tiempo de generación (G)**, que describe el periodo medio transcurrido entre el nacimiento de los padres y el de sus descendientes; y la **tasa neta de reproducción (R_0)**, que explica el número de nacimientos por generación. Cuando R_0 alcanza valores inferiores a 1, se considera que la población no se reemplaza (KREBS 1986), es decir, que ni siquiera se incorpora un animal nuevo por cada uno que muere.

Las mejores estimas de supervivencia de los individuos de una población se obtienen mediante el seguimiento durante varios años de un número determinado de ejemplares de una misma generación. Las tablas de vida horizontales o de cohortes (basadas en el seguimiento de un número determinado de individuos) resultan difíciles de obtener en la práctica, por lo que se utilizan con mayor frecuencia las tablas de vida verticales o estáticas, construidas a partir del número de individuos de cada edad encontrados en una población en un momento dado. Estas tablas son más imprecisas y deben ajustarse, para ser útiles, a una serie de condiciones, como que la estructura de edades sea decreciente y estable y no el resultado de fuertes cambios ambientales que hayan podido dar lugar a distribuciones sesgadas (ver DUNHAM *et al.* 1988). Algunos de estos requerimientos son difíciles de cumplir en quelonios, donde las clases juveniles tienen menor probabilidad de detección que los adultos (HAILEY *et al. 1984*, FRAZER *et al.* 1990; 1991). Para subsanar esta dificultad se suelen considerar por separado, a la hora de hacer los cálculos de la supervivencia, los distintos grupos de edad.

En nuestro caso, consideramos independientemente la supervivencia de tres categorías de edades: 1) huevo hasta eclosión; 2) juvenil hasta la madurez y 3) adultos.

1) Huevo hasta eclosión (tasa de eclosión). La calculamos a partir de 37 nidos controlados en 3 años distintos. Durante el periodo de incubación solo 2 nidos fueron predados y de un total de 121 huevos puestos, nacieron 108 tortuguitas, es decir la tasa de eclosión fue del 82,4% (DÍAZ-PANIAGUA *et al.* 1997). Asimismo para el cálculo del número de individuos de clase 0, recién nacidos, consideramos cuántas hembras estimábamos que había en la población en el año 1992 (N=135), multiplicado por el número medio de huevos estimado por hembra (3,5 huevos por hembra), y por el número medio de puestas que realizan anualmente (2,6 puestas por año). Consideramos que las hembras de esta población se reproducen anualmente, a excepción de un pequeño porcentaje del 5% (DÍAZ-PANIAGUA *et al.* 1996). Para el total de hembras estimadas en el área de censos, el número de huevos producido por año se estimó en 1167, que corregido según la tasa de eclosión encontrada, daría lugar al nacimiento de 976 crías que constituirían los individuos de 0 años en 1992.

2) Supervivencia de los juveniles. La supervivencia de las crías entre el momento de la emergencia y los 8 meses de edad ha sido estimada en Doñana en 0,39 (KELLER *et al.* 1998). De todos modos, la escasez de capturas de tortugas hasta los 5-6 años de edad nos impidió hacer el cálculo de estas estimas, aunque en la tabla de vida se puede deducir a partir de la supervivencia de las edades comprendidas entre los recién nacidos y los adultos.

3) Supervivencia de adultos. La estima de supervivencia de los adultos se calculó a partir de los individuos vivos colectados a lo largo de los tres años, utilizando la estructura de edades acumulada para el año 1992. Sin embargo, la estructura de edades resultante no cumplía los requerimientos necesarios para los cálculos de los parámetros demográficos, ya que reflejaba una

Tabla 8: Tasas de supervivencia de las tortugas adultas de Doñana. Estimas obtenidas a partir de A) datos de individuos encontrados muertos, B) datos de individuos censados vivos, C) media de ambos valores.
Table 8: Survival estimates for adult tortoises in Doñana. Estimates were obtained from: (A) individuals found dead in the study area; (B) individuals censused alive; and (C) the average of (A) and (B).

	A	B	C
Total	0,943	0,917	0,930
Machos	0,943	0,917	0,930
Hembras	0,945	0,913	0,929

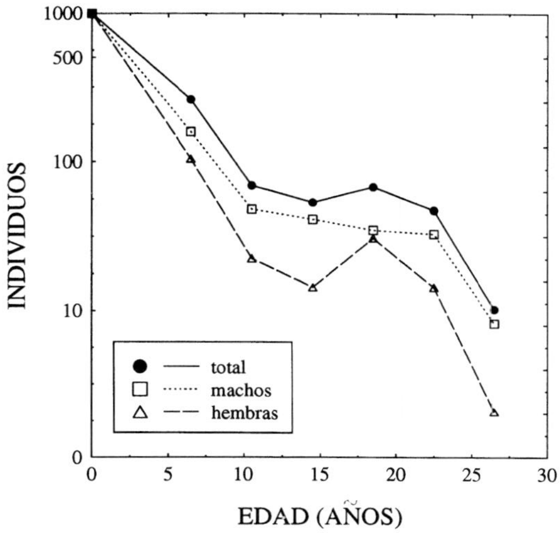

Figura 26.- Curvas de supervivencia de las tortugas de Doñana obtenidas a partir de los datos de capturas de individuos vivos. Los ajustes correspondientes a las ecuaciones de regresión son: R^2 (total) = 0,793; R^2 (machos) = 0,711; R^2 (hembras) = 0,443.
Figure 26.- Survivorship curves of tortoises in Doñana obtained from capture-recapture data. Adjusted valued for the regression equation are: R^2 (total) = 0.793; R^2 (males) = 0.711; R^2 (females) = 0.443.

variación a lo largo de los años en la incorporación de juveniles (ver figura 19 y comentarios en el apartado EDAD). Por tanto, para suavizar estas variaciones y así poder generalizar los resultados, optamos por ampliar los intervalos de las clases de edad hasta conseguir una estructura de edad decreciente al menos para uno de los dos sexos. La figura 26 muestra la curva de supervivencia obtenida, donde observamos una tasa de supervivencia muy baja para los individuos juveniles, mientras que en los adultos se mantiene bastante elevada hasta la clase de edad comprendida entre 20-25 años. La **tasa de supervivencia de adultos**, calculada a partir de la pendiente de la regresión del logaritmo del número de individuos sobre su clase edad correspondiente (WILBUR 1975, DUNHAM *et al.* 1988, FRAZER *et al.* 1990) se aproximó al 92%. Este resultado es similar al encontrado a partir de la estructura de edades de los individuos muertos, por lo que consideramos como fiable la media de las dos estimas realizadas, que como vemos en la tabla 8, sitúa la supervivencia general en adultos en 93%.

La tabla de vida de la población de Doñana se calculó a partir de la estructura de edad de las hembras capturadas en los censos y optimizada para 1992. Esta estructura no se ajusta completamente a las condiciones necesarias, ya que reveló un escaso número de efectivos en las clases juveniles. Considerando una fecundidad de 4,3 huevos/hembra, y la edad de madurez entre seis y catorce años, la tasa neta de reproducción para la población de Doñana alcanzó un valor de R_0=3,74; mientras que el tiempo de generación se calculó en 17,1 años. Estos datos sugieren que la población multiplicaría su número por 3,74 al cabo de unos 17 años.

A partir de los parámetros anteriores se calculó también la tasa finita de aumento (λ) que resultó ser de 1,091. Es decir, por cada individuo de la población se puede esperar que al año siguiente existan 1,091 individuos, lo que refleja un crecimiento positivo de la población.

Estos resultados deben considerarse con cautela ya que se han obtenido a partir de una tabla de vida estática, y por tanto sujeta a errores. Además, durante el periodo de censos, la abundancia de adultos, como comprobamos por la evolución de la estructura de edades, fue mayor que la encontrada en otros periodos, lo que probablemente se deba a una incorporación de juveniles mayor de lo habitual entre 1984 y 1987.

Hay que tener en cuenta también que todos estos resultados son extremadamente dependientes de las condiciones ambientales o de otros factores que pueden tener influencia sobre la reproducción y mantenimiento de la población.

Comparación con la población en años anteriores

Durante el periodo 1980 a 1985 ANDREU (1987) estudió la población de un área de 50,8 Ha contigua a la utilizada entre 1992-1994. Como resultado de dicho trabajo, existen datos precisos de estructura y dinámica poblacional para los años 1973-1985, algunos de los cuales ya han ido apareciendo en apartados anteriores.

Una característica común a ambos estudios es la mayor proporción de adultos que de jóvenes encontrados en los censos. Como ya se vio, este fenómeno debe estar causado por la menor detectabilidad de los jóvenes y su alta tasa de mortalidad, o bien por la escasa incorporación de juveniles en determinados años. La carencia de información sobre la fracción juvenil es una característica frecuente en los estudios sobre poblaciones de quelonios (ver por ejemplo WILLEMSEN & HAILEY 1989; FRAZER *et al.* 1990), por lo que habitualmente se estima en función del potencial reproductivo y del número de hembras en el área. Por otra parte, la gran longevidad de esta especie y la alta tasa de supervivencia de los adultos, también contribuyen al sesgo encontrado. Este tipo de distribuciones es característico de la mayoría de las poblaciones de quelonios, que soportan la impredecibilidad del medio y las amplias fluctuaciones en las tasas de incorporación de juveniles, precisamente gracias a la alta tasa de supervivencia de los individuos adultos y a su gran longevidad (CONGDON *et al.* 1982).

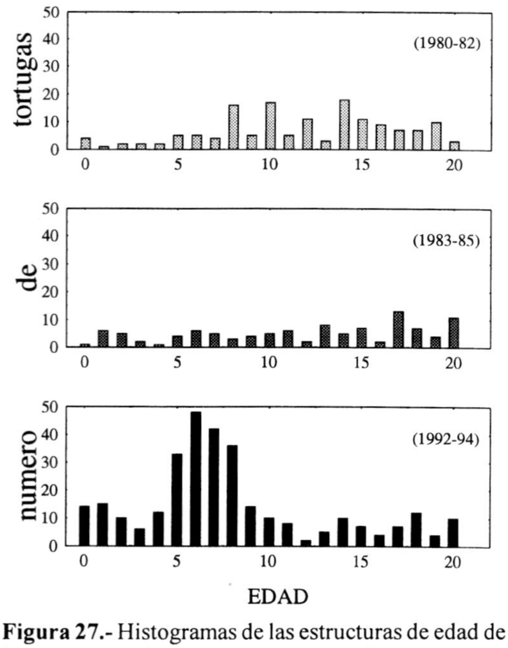

Figura 27.- Histogramas de las estructuras de edad de las tortugas de Doñana correspondientes a tres periodos trianuales. 1992-1994: Datos de este estudio; 1983-1985 y 1980-1982: Datos de ANDREU (1987).
Figure 27.- Age distribution of tortoises in Doñana corresponding to three 3-year periods: 1992-1994 (data from this study); 1983-1985 and 1980-1982 (data from ANDREU, 1987).

Las distribuciones de edades obtenidas en los diferentes periodos de seguimiento son muy distintas, como se puede ver en la figura 27, donde se han agrupado los datos de individuos diferentes capturados en periodos trianuales y donde sólo se han considerado las 20 primeras clases de edad. La mayor concentración de tortugas entre 6 y 9 años en 1992-94 se ha interpretado como el resultado de un periodo con menores tasas de mortalidad infantil que lo que es habitual en el área, localizado entre 1984 y 1987. Consideramos por tanto que la población puede sufrir en determinadas épocas fluctuaciones importantes en la incorporación de juveniles a la población, lo que daría lugar a altibajos en la estructura de edades. La misma explicación podría aplicarse también a los picos de adultos que aparecen en la distribución de 1980-82.

Otro rasgo poblacional que se repite en los dos estudios es que se censó un mayor número de machos que de hembras. Sin embargo, en ambos estudios se encontró igual número de machos y hembras entre los restos de individuos muertos, por lo que pensamos que ésta debe ser la proporción real de sexos. Ya hemos

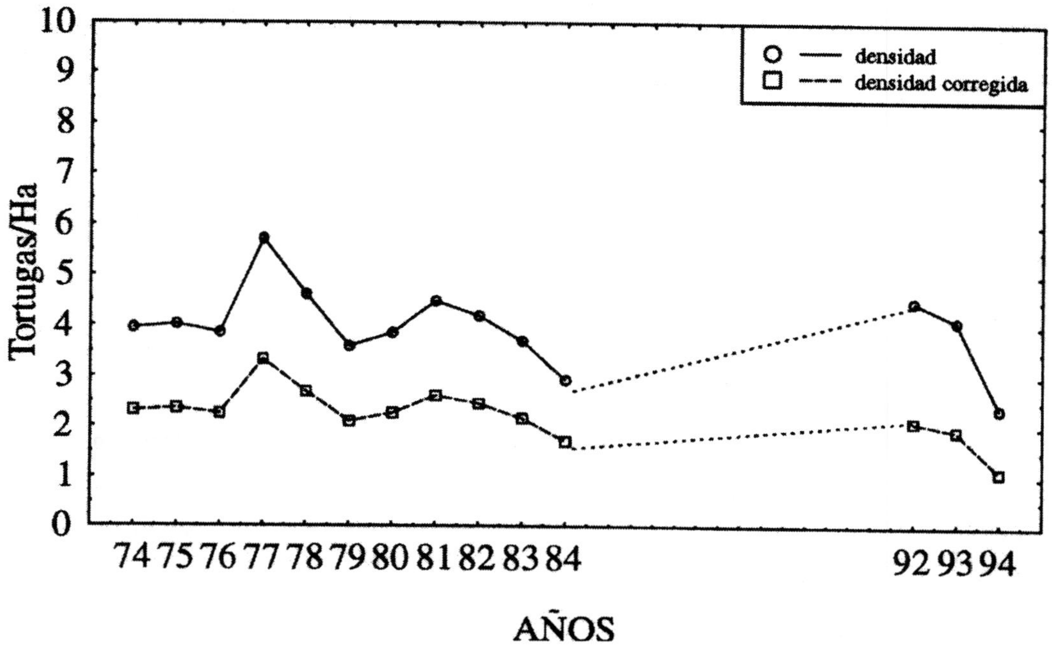

Figura 28.- Variación de la densidad de tortugas en el área a lo largo de los años.
Figure 28.- Variation of the density of tortoises in the study area along the study period.

comentado anteriormente que la mayor movilidad y actividad de los machos en determinadas épocas, en comparación con las hembras, puede ocasionar estos resultados.

En cuanto a densidad, como ya vimos anteriormente, BRAZA *et al.* (1981) estimaron en 509 individuos el número de tortugas en un área de 300 Ha de la Reserva Biológica de Doñana, basándose en datos de capturas y recapturas no sistemáticas, hechas a lo largo de varios años. En el periodo 1973-85, ANDREU (1987) calculó alrededor de 2,4 tortugas/Ha, mientras que los valores estimados para los últimos años (1992-94) reflejan una densidad similar (figura 28), si bien, el método de cálculo de la superficie de muestreo fue diferente en ambos estudios, lo que podría suponer que no fueran totalmente comparables.

Foto Benjamín Bustos

CAPÍTULO 7

DISTRIBUCIÓN Y ABUNDANCIA DE TORTUGAS EN EL PARQUE

DISTRIBUCIÓN

A principios de los años 80 se llevó a cabo un primer estudio sobre la distribución de las tortugas moras en la comarca de Doñana, en base a encuestas a los habitantes de la zona y de recorridos a pie por caminos arenosos del interior del Parque, en los que se contaban las huellas de tortugas que se encontraban (ANDREU 1987).

Dentro del Parque se encontraron tortugas en algunos corrales, en la parte central de la Vera y en los alrededores de las lagunas peridunares, estando ausentes de la marisma y de las zonas norte, noroeste y sur del Parque, que en buena parte soportan un matorral xerofítico o están repobladas con pinos o eucaliptos.

La distribución de las tortugas moras en el Parque Nacional de Doñana, se actualizó en el periodo 1992-94, en que realizamos censos de huellas en todas las cuadrículas UTM de 1x1 km del Parque con excepción de las de la marisma que, por su carácter inundable no es un hábitat apropiado para las tortugas, y de algunas zonas acotadas para proteger nidos de águila imperial (figura 29).

Los censos se realizaron en primavera, seleccionándose como días de censo aquellos que

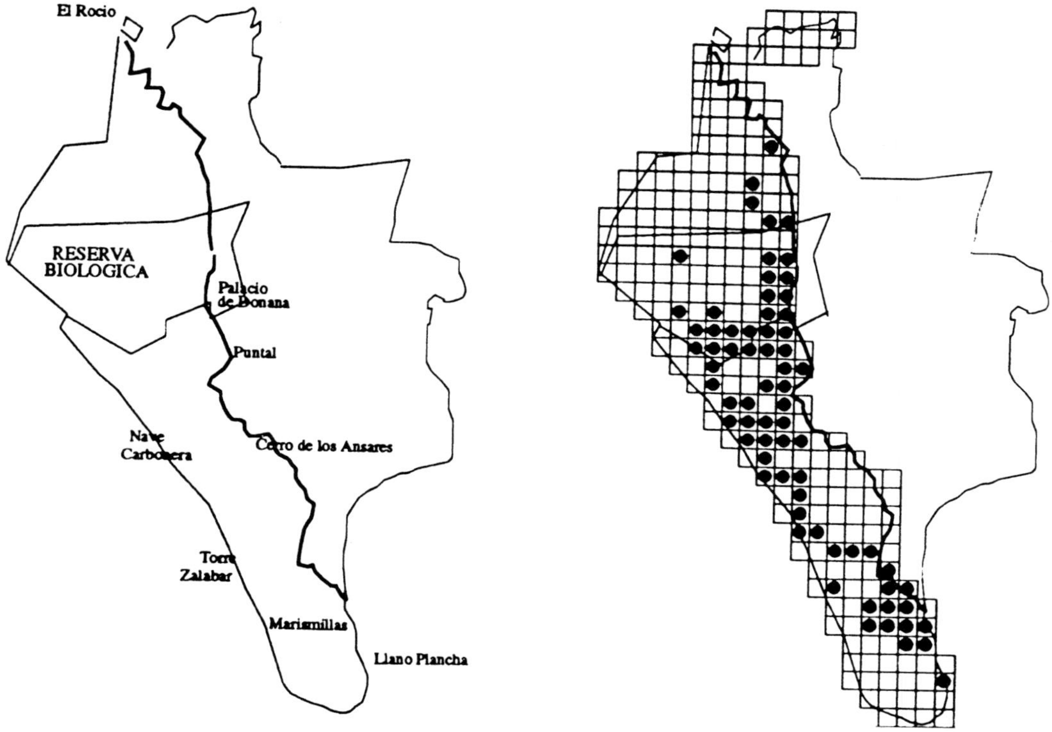

Figura 29.- Mapa de presencia de *Testudo graeca* en el Parque Nacional de Doñana sobre cuadrículas UTM 1x1 km.

Figure 29.- Map of presence-absence data of *Testudo graeca* in the Doñana National Park using a UTM 1x1 km grid.

fueron despejados, moderadamente cálidos y sin viento fuerte, siempre que hubieran estado precedidos de al menos dos días con similares características.

El método utilizado consistió en recorrer un transecto en zona arenosa, generalmente por caminos, en un vehículo todo terreno, con una persona conduciendo a baja velocidad (más ó menos a 10 km/h) y otra contando las huellas desde el capó del coche. La longitud de los transectos realizados varió de unas cuadrículas a otras ya que dependía de la existencia o no de caminos y de si el substrato permitía la detección de las huellas. En algunas cuadrículas, sobre todo en los corrales, donde no existían caminos, los transectos se llevaron a cabo mediante recorridos a pie.

En total se realizaron transectos en 269 cuadrículas con un recorrido de 376,14 km. El recorrido mínimo por cuadrícula fue de 200 m y el máximo de 7,28 Km, siendo la media de 1,39 Km.

Hemos encontrado 643 huellas en 72 cuadrículas en las que se recorrieron 134,7 km. En la figura 29 se muestra el mapa de presencia de tortugas en el Parque.

Se aprecia que, excepto en el tercio norte, donde las tortugas son muy raras, éstas se extienden de una forma prácticamente continua por buena parte de los dos tercios restantes.

Tanto los eucaliptales de la zona norte, como los pinares que ocupan la parte noroeste del Parque, parecen ser territorio inadecuado para las tortugas pues no se han encontrado huellas en ellos, ni siquiera en las manchas de matorral dispersas por el bosque. Tampoco hemos encontrado huellas en las praderas del norte del Parque.

Al sur de los eucaliptales, en la zona norte de la Vera, se encuentran muy pocas huellas, lo que indica bajas densidades de tortugas. Conforme seguimos adentrándonos hacia el sur, se pueden ver huellas cada vez más frecuentemente a lo largo de una franja de dos km de anchura en la Vera, alcanzándose la máxima densidad en los alrededores del Puntal, donde hemos encontrado hasta 80 huellas de tortuga por km.

A la altura del Palacio de Doñana, el área ocupada por las tortugas se ensancha, extendiéndose desde la Vera en dirección al mar hasta incluir las grandes lagunas peridunares. Con todo, la mayor parte de la Reserva Biológica, zonas norte, centro y oeste, no está ocupada por las tortugas.

Desde los límites de la Reserva Biológica, hacia el sur, se da un continuo de población con núcleos importantes en los corrales, en Nave Carbonera y el ya citado de los alrededores del Puntal.

Más al sur, la distribución se estrecha y se restringe a las naves más próximas al mar, sin llegar a la playa. Por la Vera, las tortugas llegan hasta las primeras arenas del Cerro de los Ánsares. El espacio vacío de tortugas entre las naves y la marisma esta ocupado por corrales muy secos y grandes dunas.

Las últimas huellas encontradas por el suroeste, en las proximidades del mar, se hallaron en los alrededores de Torre Zalabar. Desde este punto, hacia el interior del Coto, se encuentran tortugas en varios corrales y en las proximidades de la marisma.

En Marismillas, hemos encontrado huellas de tortugas en las zonas conocidas como "lomas", en los navazos y en el Llano de la Plancha. El número de cuadrículas con huellas y el número de éstas (hasta cerca de 25 huellas/km) indican que en esta zona se ubica otro núcleo importante de población. Para terminar, en el extremo sur de Marismillas, ocupado por un pinar continuo, no han aparecido huellas, con la excepción de un solo punto.

La conclusión a que se llega al observar el mapa de distribución de la figura 29 es que nos hallamos ante una población continua, ya que, aunque las tortugas se encuentran en núcleos muchas veces aislados entre sí como ocurre por ejemplo en los corrales, la distancia entre ellos está dentro de lo que son capaces de recorrer estos animales.

ESTIMAS DE ABUNDANCIA RELATIVA

A la vez que se realizaban los censos de individuos en el área de estudio se hicieron censos de huellas sobre el camino que atraviesa el área longitudinalmente. El número medio de huellas contabilizadas en 23 censos fue de 33,5 ± 27,8, oscilando entre 126 y siete huellas.

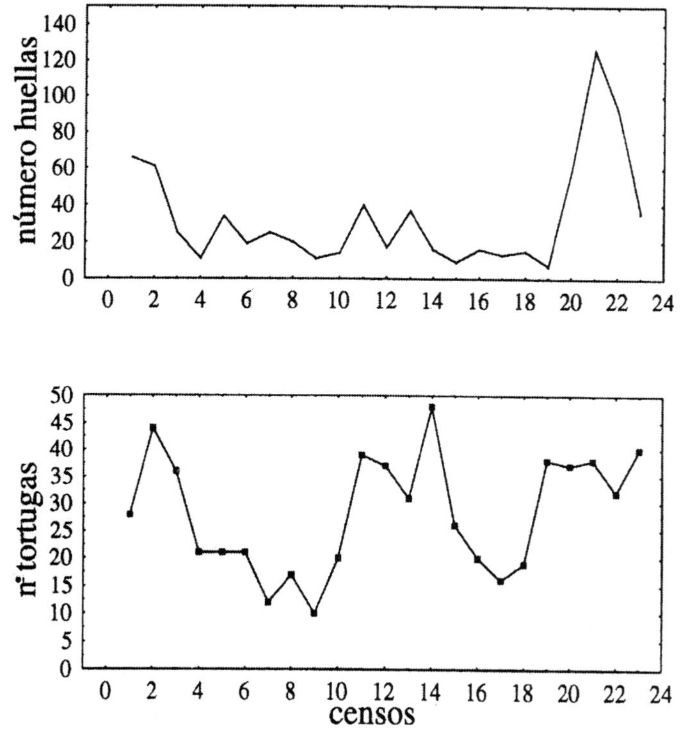

Figura 30.- Número de rastros observado en los censos de huellas del área de estudio y variación del número de tortugas capturadas en los mismos días.

Figure 30.- Number of tortoise tracks observed during the censuses of the study area and number of individuals captured in the same area on the same day.

La figura 30 muestra el número de huellas detectadas en los distintos censos, en comparación con el número de tortugas capturadas el mismo día. Como se puede apreciar hay una notable discordancia entre ambas distribuciones, lo que nos llevó a considerar que el número de huellas no era un estimador fiable del número de tortugas, al estar altamente influenciado por otros factores que repercuten sobre la actividad de éstas. Este hecho nos convenció de la necesidad de utilizar un factor de corrección, aplicable a los censos de huellas en otras zonas del Parque, que permitiera hacerlos comparables entre sí.

La corrección se realizó valorando los censos en base al número de huellas encontradas en el recorrido realizado a lo largo del área en la que se había estimado la densidad real de tortugas presentes. Los censos de huellas de este área se realizaban, por tanto, siempre que se censaba en otras zonas del Parque. En el área controlada se consideró normal encontrar entre 15 y 30 huellas/km. Por debajo de este valor se consideró que se infraestimaba el número de tortugas a causa de la baja actividad, debiendo eliminarse los datos obtenidos en estos días, y por encima de 30 huellas/km se estaría sobreestimando la población. Los factores de corrección a aplicar se describen en la tabla 9 y sólo son aplicables para este estudio.

En definitiva, las estimas de la abundancia relativa de tortugas en el Parque se realizaron a partir del número de huellas observadas en cada cuadrícula corregidas en función del número de huellas encontradas en el área de densidad conocida.

En la figura 31 se muestra la abundancia relativa calculada para cada una de las cuadrículas de 1x1 km. Sólo en dos zonas, Nave Carbonera y El Puntal, el número de huellas por km fue superior a 40. En los aledaños de estas dos áreas y en las lomas de Marismillas se hallan densidades de entre 20 y 40 huellas por km, comparables o ligeramente superiores a las halladas

Tabla 9: Factor de corrección que se utilizó para compensar los efectos de la diferente actividad de las tortugas sobre los resultados de los censos de huellas. Este factor se usó para el cálculo de las densidades a partir de los censos de huellas en el Parque.
Table 9: Correction factor used to compensate for the effect of differential activity levels on the results obtained in track censuses. The corrected number of tracks/km was employed in the calculation of density estimates throughout the distribution area of *T. graeca* in the Doñana Nat. Park. First column: Track number/Km on the transect of the study area. Second column: correction factor to apply to the track censuses. Desestimar el censo: not use the census

Número de huellas/km en transecto del área de estudio	Factor de corrección aplicable a los transectos por el Parque
0-15	desestimar el censo
15-30	1
30-45	0,75
45-60	0,5

Figura 31.- Mapa de densidades relativas de *Testudo graeca* en el Parque Nacional de Doñana.
Figure 31.- Map of relative abundance of *Testudo graeca* in the Doñana National Park using a UTM 1x1 km grid.

en el área donde se realizó el muestreo de individuos.

APROXIMACIÓN AL TAMAÑO POBLACIONAL

Los datos anteriores nos permitieron avanzar un cálculo aproximado sobre el número de tortugas en el Parque, relacionando la abundancia relativa en cada zona con el número de tortugas estimado para el área de censado de individuos vivos.

Estimamos que durante el período 1992-1994 podían encontrarse unas 4500 tortugas adultas en el Parque. Excluimos de este cálculo a las crías e individuos juveniles por la escasa fiabilidad de sus estimas numéricas debido a la gran variación a la que pueden estar sometidas y a su baja probabilidad de captura.

Quizás lo más destacable al analizar la distribución de la tortuga en el Parque en los últimos 50 años (considerando las referencias de las personas que han trabajado en el área durante este periodo), sea la concentración de individuos en áreas determinadas y su escasa dispersión a áreas cercanas, potencialmente apropiadas.

No existen datos precisos sobre la distribución o abundancia de esta población en periodos anteriores, salvo los que da ANDREU (1987) y a los que se ha hecho referencia anteriormente, y la afirmación de MACHADO (1859), que comentaba que la tortuga era un animal abundante en la provincia de Huelva a finales del siglo XIX.

Es indudable que la población actual de Doñana persiste gracias al nivel de protección que disfruta el Parque. Sin embargo, en esta especie, como ocurre en general para los quelonios, no se puede concluir que una población es estable sin la realización de estudios a largo plazo.

Por otra parte, el aislamiento que caracteriza a la población de Doñana respecto a las poblaciones más próximas y su escasa capacidad de dispersión la hacen muy vulnerable a cualquier acontecimiento catastrófico (epidemias o determinadas situaciones ambientales adversas y prolongadas), por lo que es recomendable un seguimiento continuado de la misma.

REFERENCIAS

ALLIER, C., GONZÁLEZ BERNÁLDEZ, F. & RAMÍREZ DÍAZ, L. (1974): *Mapa Ecológico de la Reserva Biológica de Doñana.* División de Ciencias del CSIC. Estación Biológica Doñana. Sevilla.

AMAT, J. A., MONTES DEL OLMO, C., RAMÍREZ DÍAZ, L. & TORRES MARTÍNEZ, A. (1979): *Parque Nacional de Doñana. Mapa Ecológico.* Ministerio de Agricultura. ICONA. Madrid.

ANDREU, A. C. (1987): *Ecología y dinámica poblacional de la tortuga mora, Testudo graeca, en Doñana.* Tesis doctoral. Univ. Sevilla. 253pp.

ANDREU, A. C. & VILLAMOR, M. C. (1986): Reproduction of *Testudo graeca graeca* in Doñana, SW Spain, pp. 589-592, *in*: Rocek, Z. (ed.), *Studies in Herpetology.* Charles University, Praga.

BAILÓN, S. (1986): Los anfibios y reptiles del yacimiento de Cueva Hora (Darro, Granada). *Antropología y Paleoecología Humana*, 4: 131-155.

BEGON, M. (1979): *Investigating animal abundance.* Edward Arnold Publs. London. 97pp.

BLANCO, J.A. & GONZÁLEZ, J.L. (1992): *Libro Rojo de los Vertebrados de España.* Ministerio Agricultura, Pesca y Alimentación. ICONA. Madrid. 714pp.

BONS, J. & GENIEZ, P. (1996): *Amphibiens et Reptiles du Maroc (Sahara Occidental compris). Atlas Biogéographique.* Asociación Herpetologica Española. Barcelona. 320 pp.

BOUR, R. (1989): Caractères diagnostiques offerts par le crâne des tortues terrestres du genre *Testudo. Mesogée,* 48:13-19.

BOUR, R. (1995): Une nouvelle espèce de tortue terrestre dans le Péleponnèse (Grèce). *Dumerilia,* 2: 23-54.

BRAZA, F., DELIBES, M. & CASTROVIEJO, J. (1981): Estudio biométrico y biológico de la tortuga mora (*Testudo graeca*) en la Reserva Biológica de Doñana, Huelva. *Doñana, Acta Vertebr.*, 8: 15-41.

BREDER, R. B. (1927): Turtle trailing: A new technique for studying the life habits of certain *Testudinata. Zoologica*, 9: 231-243.

CASTANET, J. & CHEYLAN, M. (1979): Les marques de croissance des os et des écailles comme indicateur de l'âge chez *Testudo hermanni* et *T. graeca. Can. J. Zool.*, 57: 1649-1665.

CASTROVIEJO, J. (1993): *Mapa del Parque Nacional de Doñana.* Memoria. CSIC/AMA, Madrid.

COBO, M. & ANDREU, A. C. (1988): Seed consumption and dispersal by the spur-thighed tortoise *Testudo graeca. Oikos,* 51: 267-273.

COE, M.J., BOURN, D. & SWINGLAND, I.R. (1979): The biomass, production and carrying capacity of giant tortoises on Aldabra. *Phyl. Trans. R. Soc. London, B.*, 286: 163-176.

CONGDON, J.D., DUNHAM, A.E. & TINKLE, D.W. (1982): Energy budgets and life histories of reptiles, pp. 233-271, *in*: Gans, C. & Pough, F.H. (eds.), *Biology of Reptilia*, Vol 13. Academic Press, London & New York.

DAVID, P. (1994): Liste des reptiles actuels du monde.I. *Chelonii. Dumerilia,* 1: 7-127.

DEVINE, M. C. (1984): Potential for sperm competition in reptiles: Behavioral and physiological consequences, pp. 509-521, *in*: Smith, R.L. (ed.), *Sperm competition and the Evolution of Animal Mating Systems.* Academic Press. London & New York.

DÍAZ-PANIAGUA, C., KELLER, C. & ANDREU, A. C. (1995): Annual variation of activity and daily distances moved in adult spur-thighed tortoises, *Testudo graeca*, in Southwestern Spain. *Herpetologica*, 51: 225-233.

DÍAZ-PANIAGUA, C., KELLER, C. & ANDREU, A. C. (1996): Clutch frequency, egg and clutch characteristics, and nesting activity of spur-thighed tortoises, *Testudo graeca*, in Southwestern Spain. *Can. J. Zool.*, 74: 560-564.

DÍAZ-PANIAGUA, C., KELLER, C. & ANDREU, A. C. (1997): Hatching success, delay of emergence and hatchling biometry of *Testudo graeca* in Southwestern Spain. *J. Zool., Lond.* 243:543-553.

DUNHAM, A.E., MORIN, P.J. & WILBUR, H.M. (1988): Methods for the study of reptile populations, pp. 331-386, *in*: Gans, C. & Huey, R.B. (eds). *Biology of the Reptilia*, Vol. 16. Alan Liss Inc., New York.

ERNST, C.H. & BARBOUR, R.W. (1989): *Turtles of the World*. Smithsonian Inst. Press. Washington, D.C. 313pp.

FRAZER, N. B., GIBBONS, J. W. & GREENE, J. L. (1990): Life tables of a slider turtle population, pp. 183-200, *in*: Gibbons, J.W. (ed.), *Life history and ecology of the slider turtle*. Smithsonian Inst. Press. Washington, D. C.

FRAZER, N. B., GIBBONS, J. W. & GREENE, J. L. (1991): Life history and demography of the common mud turtle *Kinosternon subrubrum* in South Carolina, USA. *Ecology*, 72: 2218-2231.

GARCÍA-NOVO, F., MERINO ORTEGA, J., RAMÍREZ DÍAZ, L., RODENAS LARIO, M., SANCHO ROYO, F., TORRES MARTÍNEZ, A., GONZÁLEZ BERNÁLDEZ, F., DÍAZ PINEDA, F., ALLIER, C., BRESSET, V. & LACOSTE, A. (1977): *Doñana. Prospección e inventario de ecosistemas.* Monografía 18. Ministerio de Agricultura.ICONA. Madrid. 244pp.

GIBBONS, J.W. & GREENE, J.L. (1979): X-ray photography a technique to determine reproductive patterns of freshwater turtles. *Herpetologica*, 35: 86-89.

GMIRA, S. (1993): Nouvelles données sur les espèces actuelles de *Testudo (Chelonii, Testudinidae)*. *Bull. Soc. Herp. Fr.*, 65-66: 49-56.

GMIRA, S. (1995): *Étude des Chéloniens fossiles du Maroc.* Cahiers de paléontologie. CNRS Editions. Paris. 174pp.

GRANADOS, M. (1987): *Transformaciones históricas de los ecosistemas del Parque Nacional de Doñana.* Tesis doctoral. Univ. de Sevilla. 485pp.

HAILEY, A., PULFORD, E. & STUBBS, D. (1984): Summer activity patterns of *Testudo hermanni* in Greece and France. *Amphibia-Reptilia,* 5: 69-78.

HARLESS, M. & MORLOCK, H., eds. (1989): *Turtles, Perspectives and Research.* Wiley-Interscience, New York. 695 pp.

HIGHFIELD, A. C. (1990): Tortoises of north Africa; taxonomy, nomenclature, phylogeny and evolution with notes on field studies in Tunisia. *J. Chel. Herp.*, 1: 1-56.

HIGHFIELD, A. C. & MARTIN, J. (1989a): A revision of the Testudines of North Africa, Asia and Europe. Genus: Testudo. *J. Chel. Herp.,* 1: 1-12.

HIGHFIELD, A. C. & MARTIN, J. (1989b): *Testudo whitei* Bennet 1836. New light on an old carapace - Gilbert White's Selborne tortoise re-discovered. *J. Chel. Herp.* 1:13-22.

IUCN (1996): *1996 Red List of Threatened Animals.* Baillie, J. & Groombridge, B. (eds.). IUCN, Gland, Switzerland. 378 pp.

IVERSON, J. B. (1992): *A Revised Checklist with Distribution Maps of the turtles of the World.* Privately Printed. Richmond. 363pp.

JANZEN, F. J. (1994): Vegetational cover predicts the sex ratio of hatchling turtles in natural nest. *Ecology* 75:1593-1599.

JIMÉNEZ-FUENTES, E., MARTÍN DE JESÚS, S., FINCIAS SAN MARTÍN, B., DEL PRADO, J. & MULAS, E. (1992): La herpetofauna paleogena de la Cuenca del Duero: distribución cronoestratigráfica y consideraciones paleoecológicas. *Acta zool. Lilloana* 41: 371-380.

JOLLY, G.M. (1965): Explicit estimates from capture-recapture data with both death and inmigration-stochastic model. *Biometrika*, 52: 225-247.

KELLER, C. (1993): Use of fluorescent pigment for tortoise nest location. *Herpetol. Rev.,* 24: 140.

KELLER, C., DÍAZ-PANIAGUA, C. & ANDREU, A. C. (1993): Características de los refugios diarios y estacionales de *Testudo graeca* en Doñana. *Doñana, Acta Vertebr.*, 20: 283-291.

KELLER, C., DÍAZ-PANIAGUA, C. & ANDREU, A. C. (1998): Survival rates and causes of mortality of *Testudo graeca* hatchlings in southwestern Spain. *J. Herpetol.* 32(2):238-243.

KENWARD, R. (1987): *Wildlife Radio Tagging: Equipment, Field techniques and data analysis*. Academic Press, London. 222pp.

KHOZATSKY, L.K. & MLYNARSKY, M. (1966): *Agrionemys* - nouveau genre de tortues terrestres (Testudinidae). *Bull. Acad. Polonaise Sciences,* 14: 123-125.

KREBS, C. J. (1986): *Ecología*. Ed. Pirámide, S. A. Madrid. 782pp.

KUCHLING, G. (1989): Assessment of ovarian follicles and oviductal eggs by ultra-sound scanning in live freshwater turtles *Chelonia oblonga. Herpetologica*, 45: 89-94.

LAMBERT, M.R.K. (1981): Temperature, activity and field sighting in the Mediterranean spur-thighed common garden tortoise *Testudo graeca* L. *Biological Conservation*, 21: 39-54.

LÓPEZ-JURADO, L.F., TALAVERA, P.A., IBÁÑEZ, J.M., MAC IVOR, J.A. & GARCÍA, A. (1979): Las tortugas terrestres *Testudo graeca* y *Testudo hermanni* en España. *Naturalia Hispanica,* 17: 1-61.

LOVERIDGE, A. & WILLIAMS, E.E. (1957): Revision of the African tortoises and turtles of the suborder *Cryptodira. Bull. Mus. Comp. Zool.*, 155: 163-557.

MACHADO, A. A. (1859): Erpetologia Hispalensis, seu Catalogus Metodicus Reptilium et Amphibiorum in Provincia Hispalensi viventium. *Mem. R. Acad. Cienc. exact. fis. nat. IV (*cienc. nat.) ser. 3, 2(3):561-573.

MASCORT, R. (en prensa): Aspectos ecológicos de una población de tortugas mediterráneas occidentales (*Testudo hermanni hermanni* Gmelin, 1789) en la sierra de l'Albera. *Actas de las Jornadas de Conservación de la tortuga mediterránea (Testudo hermanni).* Benicassim, Castellón. 1997.

MAYOL, J. (1985): *Rèptils i amfibis de les Balears*. Ed. Moll. Palma de Mallorca. 235pp.

MEEK, R. & AVERY, R. A. (1988): Thermoregulation in chelonians. *Herpetological Journal,* 1: 352-259.

MEEK, R. & JAYES, A.S. (1982): Body temperatures and activity patterns of *Testudo graeca* in North West Africa. *British Journal of Herpetology,* 6: 194-197.

OBST, F. J. & AMBROSIUS, H. (1971): Taxonomische Studien an europäischen Landschildkröten (Reptilia: Testudinidae) mit Serologisch-immunologischen Methoden. *Zool. Abh. Mus. Tierk. Dresden*, 30:297-331.

PÉREZ, M., COLLADO, E. & RAMO, C. (1979): Crecimiento de *Mauremys caspica leprosa* (Schweigger, 1812) (Reptilia, Testudines) en la Reserva Biológica de Doñana. *Doñana, Acta Vertebr.*, 6: 161-178.

PIEAU, C. (1975): Temperature and sex differentiation in embryos of two chelonians, *Emys orbicularis* L. and *Testudo graeca* L., pp. 322-339, *in*: Reimhoth, C. (ed.): *Intersexuality in the Animal Kingdon*. Springer Verlag. Berlin.

PLUMMER, M.V. (1989): Collecting and marking, pp. 45-60, *in*: Harless, M. & Morlock, H. (eds). *Turtles: Perspective and research* . Wiley-Interscience, New York.

POLLOCK, K.H., NICHOLS, J.D., BROWNIE, C. & HINES, J.E. (1990): Statistical inference for capture-recapture experiments. *Wildlife Monographs,* 107: 1-97.

PRIEDE, I. G. & SWIFT, S. M. (1992): *Wildlife telemetry. Remote monitoring and tracking of animals.* Ellis Horwood. New York. 708pp.

REAGAN, D.P. (1974): Habitat selection in the three-toed Box turtle *Terrapene carolina triunguis*. *Copeia*, 1974: 512-527.

REAL DECRETO 1997/1995 sobre biodiversidad. (1995): *BOE* 310 de 28 de diciembre de 1995.

ROCHE, J. (1972): Faunes du pléistocène supérieur et final de l'Extremadura, Portugal. *Annales du Paléontologie (Vertébrés)* r. LVIII, 2: 229-242.

SCHLEICH, H. H., KÄSTLE, W. & KABISCH, K. (1996): *Amphibians and Reptiles of North Africa. Biology, Systematics, Field Guide*. Koelzt Scientific Books. Koenigstein. 625pp.

SEBER, G.A.F. (1965): A note on the multiple-recapture census. *Biometrika*, 52: 249-259.
SILJESTRÖM, P.A., MORENO, A., GARCÍA, L.V. & CLEMENTE, L.E. (1994): Doñana National Park (south-west Spain): geomorphological characterization through a soil-vegetation study. *J. Arid Env.*, 26: 315-323.
STUBBS, D., HAILEY, A., PULFORD, E. & TYLER, W. (1984): Population ecology of European tortoises: Review of field techniques. *Amphibia-Reptilia,* 5: 57-68.
STUBBS, D. & SWINGLAND. I. R. (1985): The ecology of the Mediterranean tortoise, *Testudo hermanni,* a declining population. *Can. J. Zool.,* 63:169-180.
STUBBS, D., SWINGLAND, I. R., HAILEY, A. & PELFORD, E. (1985): The ecology of the Mediterranean tortoise, *Testudo hermanni,* in Northern Greece (The effects of a catastroph on population structure and density). *Biological Conservation,* 31:125-152.
SWAIN, T. (1976): Angiosperms-reptile co-evolution, pp. 107-122, *in*: Bellairs, A. D'A. & Cox, C.B. (eds.), *Morphology and biology of reptiles* . Acad. Press. London & New York.
TELLERÍA, J.L. (1986): *Manual para el censo de los Vertebrados terrestres.* Ed. Raíces. Madrid. 278pp.
VALVERDE, J.A. (1960): Vertebrados de las Marismas del Guadalquivir. *Arch. Inst. Aclim. Almería*, IX: 1-189.
VALVERDE, J.A. (1967): Estructura de una comunidad de vertebrados terrestres. *Monografías de Ciencia Moderna*, nº 76, reeditada en *Monografías de la Estación Biológica de Doñana* 1. (1984). CSIC. Madrid. 219pp.
WHITE, G. C., ANDERSON, D.R., BURNHAM, K. P. & OTIS, D.L. (1982): *Capture-Recapture and removal methods for sampling closed populations*. Ed. B. Lefler. Los Alamos. USA. 235pp.
WILBUR, H. M. (1975): The evolutionary and mathematical demography of the turtle *Chrysemys picta. Ecology,* 56: 64-77.
WILLEMSEN, R.E. & HAILEY, A. (1989): Status and conservation of tortoises in Greece. *Herpetological Journal*, 1: 315-327.
WRIGHT, J., STEER, E. & HAILEY, A. (1988): Habitat separation in tortoises and the consequences for activity and thermoregulation. *Can. J. Zool.*, 66: 1537-1544.